MATCHA
REVOLUTION &
NAGASAKI

抹茶革命と長崎

「茶のチカラ」が 21 世紀の Healthy & Cool
日本茶文化を創った

前田 拓 編
Taku Maeda

姫野順一 監修
Junichi Himeno

序文

地球温暖化と茶の世界史

長崎外国語大学学長　　姫野順一

　　古来「お茶」は、茶聖陸羽が「嘉木」と呼んだ中国南方の「美しく良質で立派な」天然木に発し、中国の平原に下って日本に渡来し、いまや世界の飲料となりました。このようにお茶が世界に広がるきっかけとなったのは「長崎」でした。長崎は世界史の中で、茶が中国から日本に伝わり、ヨーロッパやアメリカを経て世界に伝播するハブの役割を果たしました。

　　自然の恵みである茶が世界に広がった背景には、茶それ自身がもつ「茶の効能」と、それを理解し世界各地に広げた商人や僧侶という仲介者、さらに茶を受け入れた場所の生活文化という三つの要素が絡んでいました。またこの世界への広がりには、温暖化と寒冷化を繰り返す地球の気候変動のリズムが介在します。

　　「茶の力」は、消化を助け、利尿を促し、二日酔いや眠気を覚まし、おできを治し、人を楽しくさせるという効果として知られています。これは多くの茶の古典に説いている効能です。この「茶の力」の正体は、今ではコレステロール・体脂肪・血圧を低下させ、抗酸化作用を発揮してがんを予防する「渋み」のカテキンと、覚醒作用で二日酔いを醒ます「苦味」のカフェインと、神経を穏やかにする「うま味」のテアニンに、栄養素としてのビタミン、サポニン、フッ素、アミノ酸、ミネラル、クロロフィルといった成分であることが知られています。このような植物由来の自然の恵みに満ちたお茶は、栽培・流通・文化の要素を交えて広く世界に伝播していきました。

　　中国南方の高山に発した茶樹が平原に降りてきて、団茶の喫茶の風習が中国と日本から世界に広がる背景は、地球の気候変動が関係していました。茶の伝播が頻繁になる7~12世紀の中国の唐宋代は、地球が温暖化するリズムのなかにありました。

　　この時代は民族移動の時代であり、ユーラシアの中部では草原の拡大でシルクロードが開かれ、中国では経済開発が進み、社会の多元化が見られました。この世界史的な移動の時代に、茶は民族移動とともに高山から平原に降りてきて栽培が広がり、商人を介して北方民族に拡がり、喫茶の風習は各地に茶の文化を広げます。

　　日本には遣唐使や宋の修行僧が茶を伝来しました。日本に本格的に茶を伝えた栄西は、宋から長崎に帰国して茶の栽培と茶法を広げました。

　　その後隆盛を極めたモンゴル帝国は寒冷化に向かうなかで衰退し、茶の道も途絶えます。15~18世紀の小氷河期と呼ばれる寒冷化の時代に草原が湿地化し、シルクロードは分断され、東アジアはヨーロッパから切り離されました。

明と清の王朝は、華夷秩序と朝貢の中華帝国として自給圏を形作り、江南に綿花・生糸・茶の栽培が広がります。江戸時代長崎にやってきた隠元は、この江南の地から長崎にきて唐茶と呼ばれた煎茶を伝えました。日本は茶の生育に適していたために栽培が各地に広がり、現代に繋がる抹茶と煎茶という不発酵の緑茶の製法が普及します。また日本で開花したのは「茶の湯」でした。茶の霊性を極めようとした「日本茶」として茶の湯すなわち茶道は、岡倉天心が英語で書いた名著『茶の本 The Book of Tea』によれば、茶道とは社会の上下にひろがる生をまもる宗教であり、精進静慮で自性了解に至り、人生の些事に偉大を考える禅に通じるものでした。海を越えてやってきたポルトガル人が見たのはこの「茶の湯」の文化でした。

　地球が寒冷化する 15 ～ 18 世紀の前半は、大航海時代とよばれる帆船による市場開拓の時代でした。ポルトガル、スペイン、オランダは大型帆船により交易を西洋から東洋に広げました。徳川家康の時代に、茶は平戸からオランダに伝わります。さらに寒冷期の後半にはイギリスやアメリカの蒸気船が世界の港をつなぎました。長崎はそのハブ港となり、世界貿易に参入します。緑茶は幕末に長崎港から輸出される有力な商品でした。シーボルトの娘楠本イネと、ロシア人相手にホテルを営んだ道永栄とともに、長崎三女傑にあげられる大浦慶は、開港した長崎で茶の輸出を手がけ、長崎の茶貿易における先覚者でした。

　開国した長崎における外国人居留地の外国商人たちは、日本の茶商を通じて長崎の近郊から荒茶を集めて居留地内の製茶場で焙煎し、アメリカやヨーロッパに輸出しました。緑茶はビタミン C を含むので、野菜不足の船乗りからは重宝されました。アメリカでも緑茶がミルクと混ぜて飲まれる大衆飲料となりました。

　茶の湯あるいは煎茶として日本人に広く愛飲されて、世界に普及したお茶でしたが、近年国内では洋食化が進み「茶ばなれ」がみられます。そのようななかでいま、個性ある製茶法を継承し、日本茶の多様性を提案している若手茶農家も健闘しており、長崎そのぎ茶は全国茶品評会「蒸し製玉緑茶部門」で日本一を続けています。また世界では健康ブームと SDG s への関心を背景に、さらに若者の「かっこいい茶」を求めるニーズに応えて、静かに「抹茶革命」が進行しています。

　本書は、長崎を起点にアメリカに進出した抹茶（Macha）が、抹茶アイスクリームや抹茶ラテとなって、欧州、アジア、豪州、アフリカと広がる「抹茶革命」を紹介します。そして、その背景には地球の気候変動のリズムに合わせて、中国から日本に伝来し、長崎を起点として世界に伝播した「茶の力」と「茶の道」があったことを描き出します。

目次

抹茶革命と長崎

第3部 ｜ アメリカ議会図書館コレクション

MATCHA
around the World

世界に広がるMATCHA

ロサンゼルス、サンフランシスコ、ニューヨーク、
リトアニア、パリ、南アフリカ など、それぞれの
スタイルで抹茶を楽しむ最新のカフェを紹介。

LA 撮影：中村大介

LOS ANGELES

LOS ANGELES

LOS ANGELES

SAN FRANCISCO

NEW YORK

PARIS

MATCHA
around the World

LITHUANIA

LITHUANIA ／ PARIS
撮影：平野久美子

SOUTH AFRICA

| 特別対談 |

茶文化の伝統と革新

Ｚ世代へのメッセージ

Masakazu Watanabe

Kyoto
Japan

| 京都 | 一保堂茶舗 | 代表取締役社長 |

渡辺正一

| ロサンゼルス | maeda-en | 代表取締役社長 |

前田　拓

Taku Maeda

Los
Angeles

茶文化の伝統と革新
Z世代へのメッセージ

この対談のテーマを「茶文化の伝統と革新」と
つけて、サブタイトルとして「Z世代へのメッ
セージ」としております。茶業界をリードされ
るお二人に、これから先の未来に向かって世界
的な視野に立ってこれからどうあるべきかとい
う方向性で、お話を伺えればと思います。まず、
一保堂茶舗の渡辺社長にお店の概要とご自身の
ご紹介をお願いします。

お金を出して
お茶を飲んでいただく試み

渡辺 会社の屋号は「一保堂茶舗」といいます。
創業は1717年と言われており、近江出身の渡辺
利平衛が京都に参りまして「近江屋」という屋
号の店を拓いたのが始まりです。当時は、お茶
だけでなく器とかいろんなものを扱っていたよ
うですが、1846年に公家の山階様より私どもの
お茶をいたく気に入ってくださいまして、「お茶
が美味しいから、お茶一つを保つように」とい
うことで、「一保堂」の屋号を賜り、その後は商
材をお茶に絞り商いを続けております。でも商
売のあり方は時代の変遷と共に変化したようで
す。明治末期までは海外向けの貿易問屋として
の商売が大きかったようですが、一部の茶業者
が扱う贋造茶がアメリカで問題になって輸出が
困難となり、徐々に小売業に業態を転換しまし
た。その後に百貨店などに販売拠点を設けなが
ら、現在に至っております。

――店舗は、どこに出していらっしゃいますか?

渡辺 京都に本店（寺町通り二条上ル常盤木町）
を構えており、2010年から東京の丸の内の仲通

り沿いに同じような路面店を構えております。
2013年からはアメリカのニューヨークでも店を
構えておりましたが、ちょうど今年2022年の9
月に営業を終了しました。もともと京都でお付
き合いのある方がKajitsuという精進料理のレ
ストランを期間限定で展開しておられ、そのレ
ストランの一部をありがたくも間借りさせてい
ただいておりました。このレストランが当初の
予定通り営業終了したことに伴って、弊店もク
ローズすることになりましたが、ニューヨーク
の違う場所で商いができたらいいなと、いま計
画をしているところです。その他には全国の百
貨店や、嗜好性の強い商品を展開しておられる
スーパーなどで、商品の取り扱いをいただいて
います。さらに、飲食店向けにもお茶の提案を
行っております。飲食店でウーロン茶を頼むと
有料ですが、温かいお茶を頼むと急須で淹れた
お茶が無料で出てくるのが当たり前です。すべ
てを有料にすべきとは思いませんが、「お金を頂
戴しても相応しい味わいや価値を提供すること
も可能ではないですか?というご案内をしてお
ります。

一保堂京都本店（寺町通り二条上ル常盤木町）

── 社長ご自身の自己紹介を。

渡辺　私は1981年生まれの現在41歳です。この「一保堂」の創業家である渡辺家に一人息子として生まれ育ちました。両親から「会社を継ぐように」とは言われたことはなかったのですが、周りから「一保堂とこの子」と言われながら育って参りましたので、何となく将来はこの店に入るのかなぁと思っていました。また実家の住まいが会社と一緒でしたので、幼いころから店の存在が身近で、特に大きく反抗することもなく育って参りました。ただ大学卒業間近の就職活動をするころに、自分の能力と家を継ぐことへの重圧に悩んだこともあり、自分を鍛えるためにも7年程お茶とは全く関係のない仕事に取り組み、2010年に現在の会社に入社しました。その後2020年から父に代わりまして社長という役を担っているところでございます。

──どうもありがとうございます。簡潔に自己紹介していただきました。では、前田さんどうぞ。事業形態と自己紹介を。

お茶がなくなるという危機感からの出発

前田　渡辺社長のお話を伺っていて、若干似ている部分は、実家がお茶屋で、私もお店が前にあって、その奥と二階に住んでいたので、小さい時からお客様が買いにこられるのを見ていました。小学生時代から手伝いをしてお客様ご注文のお茶を詰めていました。昔は紙の袋の外に防湿用のビニール袋が二重になっていて、その口元にこよりをぐっと巻いてぎゅっと結ぶ、「元結い」というのをやっていましたので、本当にお茶は身近でした。私の場合、長男が実家を継ぎ、私は兄弟男3人の真ん中、次男でしたから家を継ぐことは思われてなく、お茶は身近にありながらも、遠い世界だと思っていました。ただ、「門前の小僧習わぬ経を読む」という通り、子供時代から、製茶工場もそばにあり、父がお茶の火入れをしたりする姿を見ていましたので、お茶の香りは非常にいいものとして感じていました。私の場合、大学4年の時にアメリカに1年間留学しました。商学部でマーケティングをやっていたので、留学先でもマーケティングとマネジメントを学びました。留学させてもらったお礼として父への感謝も込めて、アメリカでお茶を販売するにはどうしたらいいか、というようなケーススタディをやってみました。その頃、父母からはいろんなお茶を送ってもらっていたので、それらのお茶をアメリカ人にトライしてもらった結果、やはり抹茶はインパクトが強いなと感じていました。帰国後の自分の進路はまったく考えていませんでしたので、卒業して普通の会社に勤めました。いろんな出会いがあって、自分が生きている価値は何か、自分が何をするか、このまま会社員を続けるのか、アメリカでいろんないい出会いもありましたので、アメリカに帰りたいのか、アメリカで何かをしたいのか、などと考えたりしていました。
留学から戻って、アメリカでのケーススタディを基にして卒論を書きました。結局お茶をとりあげたのです。「無茶」なことをしないとお茶は無くなりますよと。1980年から1981年の頃でしたので、1970年代にお茶の需要がどんどん下がっていて、生活様式がどんどん変わっていった時代でした。このままいくとお茶は無くなるな、それではどうすればいいんだと。そこで、アメリカで新しいお茶を考えてそれを日本に逆輸入してフィットさせてはどうかと考えました。海外で新たなお茶の飲み方を考え、日本に新たな風を吹かせて、お茶の衰退期を乗り越えさせたい、そういう大それたことを思ってアメリカに行ったのです。28歳、1984年でした。

──その結果がみえてきましたか?

前田　来年2023年、もう約40年ちかく結局こればっかりをやっています。そして40年区切りの中で、Matcha、Green Teaが世界に今広が

りつつある好機でもあると考えています。この好機を逃さずに、茶業界も本当に躍進して、世界に、そして日本で定着するように拡がるようになるといいなと思っています。この40年間、お茶の400年周期説というのを私は提唱しているんです。つまり、9世紀頃の最澄・空海時代のお茶、つぎに栄西が宋から持ち帰った13世紀のお茶、そして千利休さんが茶道を大成され、煎茶が明の時代から入ってきたのが17世紀前後と。つまり、400年周期で考えると、その節目節目にいろんなクリエイターが現れて、またいろんなものを外からも持ち込んで日本で成熟させ、お茶は生き延び発展し、多様性を高めてきたということがわかります。この21世紀こそが新たなお茶の転機であると。逆にこの時機をうまく活かさなければお茶は本当になくなっちゃうんではないかという危機感があります。自分自身、長年それをライフワークとしています。そんな

ことも今回この本で問題提起して、お茶にたずさわっている方々、特に若手の方々に感じてもらえるといいなと。

番頭の発想でヒット商品が

——ありがとうございます。お二人の今の立ち位置をご紹介いただいたところで、この対談のテーマにしぼっていただきたいと思います。まず、渡辺社長にお伺いしたいのですが、現在の一保堂さんの海外との取引の状況というのは、先ほどニューヨークのお話がありましたけれど、ほかのところとの接点はいかがなのでしょうか。

渡辺　海外との取引はオンラインがメインになります。ご注文いただいた商品を京都から世界各国に出荷しています。ただアメリカとカナダ

のお客様については、アメリカに倉庫を借りまして、協力会社さんと協業しながらより早くお客様の手元に届くように取り組んでいます。以前は京都に海外から多くのお客様が来られ、また私たちからもいろんな国に赴いてワークショップを開くということもしていましたが、新型コロナウィルスの感染拡大で一変してしまいました。でも、最近になって規制も緩和されてきていますので、できる範囲で活動を復活していきたいと考えています。

前田 私は今回一保堂さんとのお話させていただく前まで、ニューヨークにご出店されているのは存じあげていたのですけど、これだけ海外にいろんなアクションをされているのにはちょっと驚きました。明治、大正期に渡辺さんの数代前のご先祖の社長さんが神戸の貿易商を通してアメリカ向けにお茶を輸出されていたという記録がありました。「宇治清水」という貴社の抹茶にお砂糖が入った商品も前から存じ上げていたのですけれども、1930年代からやっておられたと。京都の老舗のお茶屋さんが、抹茶にお砂糖を入れて飲むというのは、その当時として考えると邪道のような話ですよね。それを先駆的にやっておられて、今も販売もしておられる。で、お父様お母様はヨーロッパにも廻られて、各国でお茶の教室を海外に向けてやっていらっしゃる。逆にいうと、私は40年前からアメリカでやっていて、私こそがと思っていましてけれども、それより以前から先駆的に一保堂さんはやっておられるということに敬服しています。その辺はいかがですか、ご自身としては。貴社の先達がやってこられたのを見てやはり、今後もっともっと海外へということを感じる原動力になるんでしょうか。

渡辺 過分なお言葉恐れ入ります。常に進化していかないといけないとは思っており、海外を含めてできる範囲で、いろんなチャレンジをしていきたいなと考えております。また先ほどご紹介いただきました「宇治清水」という抹茶に砂糖が入っている商品、実はうちの当主が生み

出したわけではありません。当時の番頭さんが、売れ行きの鈍い夏向けの商品として思いついたようですが、当主は当初「けしからん、そんなもの売るな」と怒っていたそうです。でも番頭さんがいろいろ頑張って、結果的にはヒット商品になったようです。今もそうなんですが、私自身の力というよりは、社員の力をいかに結集させていくかが重要だなとつくづく思う次第です。

前田 それも非常に興味深いですよね。昔はやはり、特に個人経営のお店の場合だとトップダウンが一般的だったと思うのですが、番頭さんが考えたことを、けしからんといいながらでも、じゃやってみるかとされたのは、なかなか示唆的ですよね。

渡辺 まあ、結果論かもしれないですけれども。

事業継続のための新規開発

——現在の京都には、コロナ禍とはいえ、外国人観光客がたくさん来ていると思うのですけれども、外国人の一保堂さんのお茶に対する反応はどうお感じになってますか。

渡辺 お茶の種類でいうと、抹茶への反応が高いように感じます。また上級の玉露への関心も徐々に増しているように感じます。普段から日本茶に慣れ親しんでいない方からは旨味が強く、後口が軽やかなものが、比較的好まれやすいのかなと感じています。ただ外国の方と一括りにするのは正しくないとは思います。日本の方でもお茶に馴れ親しんでない方も多くいらっしゃいますし、海外の方においても慣れ親しんでない方もいらっしゃれば、通な方もいらっしゃいます。お客様にあわせた提案が大切だなと感じます。

前田 先ほど冒頭の説明の中で、公家の山階宮という高貴な方からお名前をいただいて一保堂

という名前をずっと続けておられると。その意味もお茶一つを保つということでは、ある意味制約ですよね。そんなお偉い人から「おたくはお茶を保ちなさい」といわれているわけですから、そうすると現社長の渡辺さんから見ても、やはり保つものと保たないもの、守るものと守らなくてもいいものっていう決断。経営においても言いますよね。することを決める前に、しないことを決めろって。そのあたりは、ご自身としてはいかがですか。一保堂という名前と由来もありますけども現時代、この時代に生きていく、会社を存続させるという意味を含めると、積極的にはどういうものですか。

渡辺 はい、今後会社をどうしていきたいのかということをよく社員からも問われるんですけれども、基本的なベースになる考え方は事業の継続だと思っております。「事業の継続って、じゃあ渡辺家の繁栄を願っているのですかとかもいわれるのですけれども、決してそういうことではありません。事業が継続するということは、つまりは時代が変化しても世の中に役立っている状態だと考えています。私たち一保堂というチームが、時代が移り変わっても、永続的に世の中に必要とされるようなことに取り組んでいけるように進化し、変化していきたいなと考えています。
私たちはお茶という商材のおかげで、これまで商いを続けさせていただきましたので、そのお茶に対する感謝と畏怖の念をもちろん持ち合わせながら今後も進めていきたいと思っています。でも優先すべきは、世の中に役立つ存在になっているかどうかだと考えています。現状におきましても、じつは新規事業を考える部署というものも立ちあげております。いま我々が持っている強みを生かして何か別のことが出来ないか、もしくは、今すでにお付き合いのあるお客様により喜んでいただけることはできないか、ということを考えています。1年前に発足したばかりですので、具体的にどうこうまでいっていないですけれども。お茶というものに対しては引き

続き向き合って行こうと思いながらも、おっしゃるように、それを制約とはあまり考えないようにしようかなとも思っているところです。

──そういう意味では、新規開発というのは企業の永続性とか発展性を考える上では不可欠な要素だと思うんです。これからの若い世代、Z世代というか、そういう世代がお茶離れというか、そういう傾向にあると言われていますけれど、そういう世代を意識した商品開発というのはお考えでしょうか。

渡辺 はい、もちろん考えております。いわゆる若い方々の中には、お茶離れというか、そもそもお茶をご存知でない方も多いように思います。ではお茶は若い方々に見向きもされない存在か？ といわれると、そういうわけではない

ドリップティーバッグ

と思います。実際年齢の若いお客様がたまたま縁あって私どものお店にお越しいただき、いろいろと召し上がっていただくと、それはそれで気に入っていただいたりしております。

そのため若い方々に関心を寄せてもらうための見せ方や、チャレンジしやすいようにハードルを低くするような楽しみ方や商品の開発が大切だなと感じます。例えば、急須でお茶を淹れるのは非常に美味しいものではありますが、いきなり急須を購入することには勇気がいります。その代替商品としてティーバッグもありますが、何となく「ティーバッグって美味しくない」という固定概念を持っておられる方も多いように思います。その間を埋めるものとして、弊社では最近ドリップティーバッグというものを発売しました。これはコーヒーのドリップバッグのようにマグカップにセッティングして、湯を注ぐタイプのものです。この中身をコーヒーからお茶に変えたものです。より手軽にお茶の時間を楽しめられるような提案は今後もしていきたいと考えています。

異文化の中で日本茶の商品を
どう広めるか

——大変興味深いお話ですね。そういう意味では、前田さんの場合はアメリカという土地柄で日本茶をいかに継続させるかという商品開発に力を注いでこられた。その前田さんご自身の商品開発の苦労話をしていただきたいと思うのですけど。

前田　ありがとうございます。私が大学時代に留学していたのはテキサス州なんですね。ダラスという大都市があってそこから田舎の方に行ったところ、本当に典型的なアメリカの家庭に、私は1年間いました。そのとき、彼らのライフスタイルの中にどうやってお茶が存在できるんだろうと思いました。時間帯で区切っていうと、朝起きて、朝食のとき、そしてお昼、仕事中、夜、寝る前と区分した場合、どこにお茶を存在させることができるか。すでに日本でもそれが希薄になっていた状況でしたけど、アメリカは当然、日本茶のない世界。そこで考えたのが、要はお茶をどう飲ませるか、飲んでいただくか、つまり、まずは味覚で飲んでいただくというのがありますよね。しかし、これ美味しいでしょう？　と聞いても、お茶という味覚がまったく未経験ですから、美味しいということを感じることすらむずかしいわけです。

次は、まあ文化で飲ませる。「茶道」日本の伝統的なアプローチで、お茶を飲ませるのはもっとむずかしい。でもちょっと待てよと。要は違った飲み物、健康とか癒やしで飲ませるお茶っていうのもあるだろう。つまりヘルスフードストアで健康にいいよという切り口、もしくは自分の心に癒やしになるよという切り口、それもあるなと。そして、ファッションですね。かっこいい。お茶を飲むこと自体がかっこいいと。事実ここ二、三十年ぐらいの間で、例えば寿司。ガールフレンドを連れてどこか食べに行く、寿司屋に連れていくこと自体、かっこいい。お箸が使えるところを見せると、かっこいいとなる。そういう風にお茶を飲むこと自体がかっこいい。そういう健康とかかっこいいクールというその二つの切り口で何かできないだろうかというのを、いろいろ模索してきました。

——カルチャーというかお茶の文化という意味で健康とかファッションというお話が今出てきましたけれども、例えばいろんな音楽とかアートとかそういうものとお茶を結びつけた商品開発とか営業展開というのはどういう風にお考えでしょうか。

前田　日本ではお茶などの文化芸術とさまざまなものとコラボレーションが増えてきているようですね。

——そうですね、その辺は渡辺さんどうお考えになっていますか。

渡辺　お茶は単に喉の渇きを潤すためだけに飲まれているのではなく、お茶を取り巻く時間や空間、精神性を大切にしながら召し上がっておられる方もいらっしゃいます。これはある意味、音楽やアートを楽しむのと似ている要素があるように感じます。直接音楽とコラボをする機会は少ないですが、お茶もひとつのパーツとして、その他のものも合わせながら日々の暮らしを楽しめるようなご提案は行なっているところです。例えば私どもでお付き合いのある陶芸家の方で、土鍋をこだわって作っている方がいらっしゃいます。土鍋というと一見活用方法は限られるように感じてしまいがちですが、実は暮らしの中でいろいろな活用の仕方があり、できあがるお料理にあわせてこんなお茶がありますよというのをワークショップでご紹介したりもします。いろんなものと組み合わせたご紹介ですと、そもそもお茶のことにあんまり興味ない方や、私どものことをご存知ではない方との出会いにも繋がり、最終的にはファンになっていただくというケースもあります。

——特にカルチャーという意味では、カルチャーの区別感が著しい外国を足場にしている前田さんの場合がよくその辺を感じてらっしゃると思うんですけど、その文化性についての外国と日本との間に立ったお茶の文化の発展性ということでは前田さんはいかにどういう風にお考えでしょうか。

前田　やはり、アメリカ、海外でお茶というと若干の色が付いてきて、その色というのは何かというとやはり日本文化、いくら抹茶ラテであろうが、やはり日本文化というのが奥深くあるということを、彼らは感じてくれるわけですね。先ほど渡辺さんがおっしゃられていたように、喉の乾きを潤すために飲むだけのものではなくて、その奥に飲みながら文化とか歴史性とか、それを感じながらっていうところがありましたよね。例えば、アップルの創業者故スティーブ・ジョブズは、精神性で禅に非常に傾倒され、そこにお茶があった。そういったところで、あの人が飲んでいるとなると、そこから広がりが出る。いい意味での色が高まっていくので、お茶への興味を強く持っておられる。そういうのをこれまで何度となく経験してきました。

体験型お茶カフェ「嘉木」の目指すもの

——茶道という伝統的なお茶の味わい方、日本の文化の中でずっと根幹を成してきた文化があるわけですけどね、その流れを今後継承すべきかあるいは何か革新的に変化させていくべきなのかというお考えはどうでしょうか。渡辺さんいかがですか。

渡辺　お茶を提供する立場の者が茶道のことを論じるのは相応しくないと思います。でも茶道そのものが今後も求められていくことには変わりがないんじゃないかなと個人的には思っております。茶道は単にお茶を飲むだけではないものを養っていくものですので。ただお茶屋として思うのは、抹茶が茶道かスイーツでしか楽しめないものと思われるのは残念だなと思います。飲む抹茶もいろんな楽しみ方があります。例えば私どもではいわゆる片口、注ぎ口が付いているようなお茶碗で、二名さま、三名さま分を一気に点てて、そして好きな器に移し替えて、抹茶を楽しみましょうというような提案も行っています。いわれてしまえば「何だそんなことか」という感じですが、お客様は結構驚かれて、反応は上々です。

前田　渡辺さん、寺町の貴社本店に「嘉木」という喫茶スペースがありますね。丸の内のお店にもあってなかなか素敵だと思っています。中国唐代の『茶経』という本の冒頭は「茶は南方の嘉木なり」から始まる。その嘉木を名前にさ

手軽に抹茶を楽しむ提案

本店喫茶室「嘉木」

れているんだろうと思うんですが、今その嘉木というお店で提案したいこと、またどういう思いが嘉木に込められているという思いでしょうか。

渡辺　はい、ありがとうございます。今おっしゃっていただいた本店「嘉木」という喫茶室を設けております。1995年に私の父が設けました。それまでのお茶屋はお茶を売ってお終いということが多く、具体的にどうやって楽しむかをお伝えできていないことに、父は課題を感じていたようです。そこで喫茶室という場所を設けて、私たちからはお茶の淹れ方をお伝えして、お客様ご自身でお茶を淹れていただいて、召し上がっていただくというスタイルで始めました。今でいえば体験型カフェとかいいますけれども、当時はそもそも日本茶のカフェなんて一切なくて、なおかつ「お客様に淹れていただきながら、お金をいただいてよいものか？
と社内でも戦々恐々しながらスタートしたようです。でもその後は少しずつお客様からも認知をいただきまして、現在に至っています。今はコロナの問題もありましてお客様ご自身で淹れていただくスタイルは変化していますが、そもそもの狙いには変わりありません。お茶は見ただけで魅力が伝わる商品ではありません。その魅力をお伝えする場でもあり、できれば帰られた後もご自宅やオフィスでもお茶を楽しんでいただくキッカケになればなと思っています。

前田　お茶を淹れるという作業ですけれども、家庭内での躾とかいう形でお茶を上手に淹れられれば、まあ躾がなっているとかね、つまりお茶を淹れるという作業に何かその人自身が見られていういうような、これってすごくマイナスなんですね。逆にお客さんでどこかにおよばれでうかがって、そこでそのお宅のお嬢さんがお茶を持ってこられました。そうするとその所作を何気なく見ちゃう。あ、このお嬢さんはちゃんと、畳の縁を踏まないとかね。その辺から始まって、何かと所作を見られるから、だったらコーヒー

か紅茶を出せば、ハイカラなお嬢さんですねということなる。だからお茶は淹れること自体がむずかしいことだけではなく、それ以外も見られちゃう面があるため、それがお茶を気軽には淹れられないハードルにもなっているなとも思いました。だから、普段であれば、気軽に茶器を触ることや茶筅を持って自分でお抹茶を立てること自体、何か敬遠されがちですが、貴店嘉木では、体験型に楽しく教えてくださるので、「あー、そうやって立てるのか。」と体験されたお客様は知る。そうなれば、「じゃあ、今度は自分でやってみようかな。」という気が湧いてきて、「あー、意外にできるじゃない。」と自信を持ってもらったりする。すると、最初は自分のために自分でお茶を淹れる、次は人が来ても気軽に。「あ、お茶飲みます？」って淹れてあげて楽しめる。そんな風になると本当にいいなあと思いますよね。

ペットボトル時代の茶のゆくえ

――　今、若い世代の場合は、お茶というとペットボトルの時代となってきてると思うんですよ。ペットボトルのお茶社会に対して、これからどう取り組んでいらっしゃるか、ご自分たちの立ち位置をどういう風に捉えていらっしゃるかという話の方向にちょっと振っていきたいんですけど。その辺はいかがでしょうか。渡辺さんから。

渡辺　ペットボトルがこの先なくなるということはありえないと思います。ただお茶のランクや味わいは、私どもで扱っているお茶とペットボトルのお茶とでは異なります。また私たちが思うお茶の楽しみ方は、単に喉の乾きを潤すだけではありません。どちらが良い悪いではなく、生活シーンにあわせて楽しんでいただけるようにお客様に提案をしていきたいなと思います。また、お茶の生産現場の力を維持発展させていくことも大切だと思います。京都周辺の茶産地では山間の茶畑が多く、機械化がしづらく、大

量生産には不向きな産地です。その分品質を高め、単価の高いお茶を作っていかないと、持続可能にはなりません。その価値をお客様に理解していただくようにお伝えするのが私たちのような会社の使命だと思いますし、お客様にも喜んでいただけることができると考えています。

前田 歴史的にみますとね、ペットボトルのお茶がはじまったのは 1980 年代です。1970 年に大阪万博があり、当時の国鉄が旅行をどんどん推進して日本人が 70 年代以降動き始めた。昔でしたら、汽車に乗るときに買う小さなお茶を入れた土瓶みたいなのから始まって、缶入り、そしてペットボトルの容器になった。それ以前は、行楽地の野外ではお茶は飲めなかったわけです。ご年配の方々が例えばお寺や行楽地に行く、で何飲むかというと、売店で、ラムネ、サイダーかコーラ、ジュースというところです。それらは加糖飲料のため、あんまり飲みたくないなっていう方がいっぱいおられた。そこに缶入りウーロン茶が始まった。要するに無糖で、ウーロン茶は健康にいいものだとなった。そしたら、どうせ 100 円のお金を払ってコーラを買うならば、ウーロン茶は飲んで苦いけれども無糖だし健康にいいという。じゃあそっちに変えようか、いうことで 100 円がそっちの方にシフトした。その後ペットボトルという時代になり、これは技術革新ですよね。プラスティック製で蓋がある。缶には蓋がないので飲みきりになる。でもペットボトルは封をできるので、人の動きが増える中で持ち歩いて飲める。しかも加糖のジュースではなく無糖、健康にもいいとなって、ペットボトルが大躍進してきました。
一般の消費者からすると、当初はあまり味覚的には美味しくはないと感じたでしょうが、今では、多くの飲料メーカーがペットボトルの緑茶を出して、あの手この手の工夫をこらし、抹茶入りまでありますね。なんとか味が良くなってきたのも事実だと思います。ただ、先ほど渡辺社長がおっしゃったように、最終的にそれでお茶を満足できるのかというと、味覚の点からい

うと、人間の舌というのはだんだんと高まって、舌が肥えてくるので、もっと本物の美味しいお茶が気軽に飲めるように提案して、やっぱりお茶って美味しいねと、本物志向になっていただきたいですね。

茶は農産物なので生産農家が大切

前田 もうひとつは、先ほど渡辺社長がおっしゃったとおり、茶は農産物として生産されているわけですよ。ここ数十年、荒茶生産量からいくと 8 万トン内外を往き来しながら、徐々に減っています。例えば 8 万トンとしましょう。8 万トンのお茶のうち、ペットボトルに行く原料茶の比率が相当の量ある。お茶の葉の良さそのままで勝負できるお茶を作るという技術、これはやはり伝えて行くことで味覚の、その口（舌）の肥えた方々にも継続して飲んでもらえる。だから我々としてはやはりその美味しいお茶を、いかにいろんな場面で飲んでもらえるような状況を作れるか、そこが大きな課題じゃないかと思います。

── 今お二人のお話を伺っていて、やはりお茶というのは農業製品、自然に生えているお茶の木から採れるお茶葉を味わっていただくという文化だと思うんですよね。そういう意味では生産者たちとの接点、苦労話というか、その辺を具体的にご紹介いただけますか？ そして、今後どうしようかという対策をお考えかどうかをお話いただきたいと思って、いかがでしょうか。

渡辺 すでに実際起こっているのは、後継者がいなくて、もうお茶を作りませんという方がちょっとずつ増えていっている状況です。現状はそういう畑を違う農家さんが借りてまかなうケースが多いので、大きく供給が衰退しているわけではないのですが、心配な状況が続いているなという思いです。加えて昨今の肥料の値上がり、資材の値上がり、重油の値上がりとかで

生産現場がダメージを負っているところです。この値上がり分だけ単純に肥料を減らしてしまいますと品質への影響が避けられず、元の品質に取り戻そうとすると肥料を減らした期間以上に長い年月がかかってしまいます。ランクごとの需要量にあわせた供給量にならざるを得ない要素はありますが、でも良いものは良いものとしてきちんと買い支えて、その価値をきちんとお客様にお伝えしないと、本当に良質なものがなくなってしまい、全体的に品質が低くなりかねないという危機感もあります。中国や諸外国でも日本茶は作られ始めておりますので、わざわざこの日本のお茶を売るべきなのかということが問題にもなっていきます。そういう諸外国のお茶と品質を差別化できるような体制にはしないといけないと感じます。

前田 まさしくそのとおりだと思います。これは本当に深刻な問題ですね。冒頭に渡辺社長が会社の説明をされた中で、輸出の話のときに贋造茶という話がございました。つまりニセモノです。幕末から明治大正にかけて日本茶がどんどん輸出されはじめて、国内需要よりも海外輸出量のほうが多かった時代に、不良品も出していたわけです。で結局、日本茶の信用が落ちまして、世界市場から日本茶が消えていった。20数年前までは農水省が日本から輸出されるお茶は全部検査されていたのですが、今はなくなりました。日本の良質なお茶を本当に推進しなければ、日本茶はなくなる。ということは、農家さんが続けてくれるような体制を作っていかないと、その継続もむずかしい。

―― そういう意味では生産者の若返りといいますか、若い世代に農業生産に携わっもらって、茶の生産をこれから継続していただけるような工夫って何かあるんでしょうか。若手に注目すべき人がいらっしゃるんでしょうか。

渡辺 各茶産地に組合がありますが、京都では茶の生産側の組合と、流通側との組合で意見交換する機会が多いように感じます。まずはそういう機会を通じてお互い危機感を共通認識できたらいいなというふうには思うところです。

――前田さんも生産者と接していらっしゃるでしょうが、今のお茶農家の若手の育ち方というのはどういうふうにご覧になっていますか。

前田 出てきてますよ。日本のお茶なら、静岡茶、狭山茶、京都の宇治茶、伊勢茶。九州では鹿児島茶、八女茶、嬉野茶、彼杵茶とかあるわけですけど、アメリカでは、日本茶として弊社は販売してきました。現在は、各産地の新しい世代が情熱をもって、こだわってやってきているのを見ています。いい契機になったのは、2000年頃だったと思いますが、日本茶インストラクターという日本茶検定がはじまりました。これは単純な知識だけでなくて、お茶の見分け方から製造など多岐にわたって学んでいる。お茶屋さんの次の世代の方々が日本茶検定を受けて、そしてインストラクターになって、各地の支部もでき、さまざまなイベントを企画してお茶を飲んでもらえる状況をつくっています。業界の方もお茶に対する危機感とか問題提起とかして、提案型お茶も出てきている。これ自体はすごくいいことだと思います。ただ、見ているとだんだんマニアック過ぎる方向にもなっているのかなということもあります。ワインでもお酒での成功例を参考に見ると、大きな意味で日常生活の中でどうお茶が飲まれるようにするかというマクロな提案もやっていく必要があると思います。そこはもうペットボトルに任せましょうって、お茶業界がギブアップしちゃうとこれはよくないですから。

Z世代へのメッセージ

――最後に若い世代に向かってお二人からメッセージというか、お茶に対する魅力を若い人にどうやって感じて欲しいかとメッセージを送っていただきたいと思うんですけど。

前田　渡辺さんにそこでお願いです。渡辺さんの一保堂さんは、ものすごいお茶業界におけるアドバンテージあると思うんですね、京都というアドバンテージ、歴史というアドバンテージ、そしてすでに一保堂さんという名前に付いてくる好イメージ、良質感だとか本物感だとか、本当に私はその点においては一保堂さんに対しては敬意の念を感じているんです。それでしかも、目に見える「のれん」、寺町のお店を見るだけですごいなというのは、どなたも感じられると思います。そういうアドバンテージも活かしながら、これからどのように革新性を若者へ向けて高めるのか、私は貴社のウェブサイトとか、Eコマースショッピング、店舗の商品カタログとか見ますと、自然な感じで、若手の女性をすでに対象にしておられるなと感じています。それをさらに高めていかれ、ニューヨークの話も含めて、国内、国外を問わず今後どういうことにチャレンジされるのかお考えをうかがいたいですね。

渡辺　いえいえ、そんな恐れ多いですが、少し今後のことについて考えていることをご紹介したいと思います。私どもの会社としてのミッションは、世の中の皆さんの心身ともに豊かな暮らしに貢献していこうということを掲げております。お客様とはお取引先様の販売拠点を通じて繋がっていることが多くありますが、お取引先様の事情で繋がり方が変化せざるをえないことも今後予想されます。ただ変化するのはあくまでも繋がり方であって、繋がりそのものは太くなるように取り組んでいこうと考えています。また新たに関心を持っていただけるお客様を国内外で増やしていくための施策にも取り組んでいこうと考えています。若い方に限らずですが、「お茶はむずかしい」と固定概念を持たれがちです。このハードルを下げられるような、でも奥深さは残るような提案をしていきたいと考えています。
一保堂としての見え方は、お客様の日常を彩る存在でありたいと考えています。日常に寄り添えるような親近感もありながら、でも彩りを添えられるような魅力も持ち合わせたいと考えています。世の中には色んなお茶屋さんがあり、中には非常に高いお茶を売られていたり、もしくはかっこよすぎるくらいの空間で、そこに居ると背筋が伸びきってしまうようなお店もあります。非日常を楽しむにはとても良いですが、私どもにはそんなことはできません。私どもはあくまでも街のお茶屋です。店の外観から敷居が高いと感じられる方もいらっしゃいますが、中に入ってみますと親しみやすい接客や商品展開を心掛けております。非常に抽象的な表現ですが、このようなことを考えています。

前田　ありがとうございます。私自身はもう歳も 67 になりまして、これからどれだけのチャレンジができるかというとなかなか限られてと思いますし、これまでチャレンジは散々やってきましたので、逆にこの 21 世紀、お茶が短期的にマニアックもいい、ペットボトル入りもいい、いろいろあるでしょう。ただ、短い時間でそれが廃れるような、その時の頑張ってらっしゃる方、その人に脚光が浴びすぎて、そのお店に脚光が浴びすぎて、結果として何年か経ったら、もう廃ってしまうとかにはなってほしくない。今 21 世紀ですから、400 年周期でいくと次は 25 世紀。これからの 100 年、200 年、300 年。これまでも 1000 年、2000 年とお茶は生き延びてきた。その間、団茶、抹茶が始まったり煎茶が生まれ、まあいろんな飲み方いろんなオケイジョンで飲まれるようになってきて、その時その時の時代のクリエイターたちが頑張ってこられた。そして今、非常に厳しい変革期にありますから、一過性に終わらず、ファッションだけに終わらず、お茶の広がりが日本だけじゃなく世界に。本当にせっかく Matcha という言葉が世界に拡散し、"Green Tea, Good！" と言ってもらえるステージができてきました。そのステージを十分に活かして、若い世代がお茶に取り組んでもらって、広がってくれるといいなと、だってお茶自体がいいものなんです。だから 2000

年以上続いている。お茶には力がある。でもその力を上手くクリエイトしてくれる人を必要としているんですよ。これからも多くの方々が、さまざまな形でそれを担っていただいて、お茶の良さを、お茶の力を、さらに今後も続けてくれる、そうあってもらいたいなと思います。

渡辺 本日はありがとうございました。素晴らしい機会をいただけましたことに感謝を申し上げます。そして前田さんが最後におっしゃったことは、非常に胸にささる思いでございます。前田さんが築いてこられたもしくは前田さんの世代が築いてこられた業界を盛り上げていってさらに日本茶の地位を向上させて行くにはどうしたらいいかということに対して、引き続き知恵を絞っていきたいと感じました。どうぞ引き続きよろしくお願いします。本日は本当にありがとうございました。

前田 ありがとうございました。

──この対談のために貴重なお時間をいただき、どうもありがとうございました。

耕作放棄となって荒れ果てた茶畑。最近では、山間部の斜面地だけでなく、平坦な土地でも荒れた茶畑が目につく。

背後に薩摩富士と呼ばれる開聞岳を望む鹿児島県知覧の茶畑。茶摘み前の10日間前後ほど、茶畑を被覆（黒いカバー）により直射日光を遮ることで、緑の濃い、まろやかな味わいに。これからもいつまでも、美味しい新茶を楽しむためには、茶農家の応援を。
2019年4月21日撮影

一保堂茶舗

ショッピングサイトでは
優しく温もりのあるイラスト
を使い、お茶を楽しむライフ
シーンを提案。

場所を選ばずお茶を
楽しむテイクアウト商品
など Z 世代を意識した
商品開発。

Kyoto Japan

maeda-en

伝統の日本のお茶を
アメリカンスタイルに
アレンジして
その魅力を発信。
ショッピングサイトも若い
世代を意識したデザイン。

異文化の人達の嗜好に
合わせた商品開発。

Los Angeles

41

第 1 部

抹茶革命は
長崎から始まった

Part 1 | The Matcha Revolution started from Nagasaki

日本茶革新
400年周期説とは?!

前田　拓

長崎市　東明山興福寺：大雄宝殿（本堂）

21世紀は日本茶革新の第4期!?

　日本茶文化の歴史は、おおよそ9世紀前後をはじまりとして、400年周期で大きな革新をとげて今日に至っている、という説を私は長年提唱している。その自説で言えば、我々が生きるこの21世紀は、9世紀、13世紀、17世紀の次となる第4期のはじまりにあたる。

　20世紀末から21世紀初頭がお茶の大きな転換期であり、この日本茶革新400年周期説が、その第4期にも有効と言えるのは、まず、1970年代後半から日本茶需要の長期的減少が顕著であり、多少の増減はあるものの1975年以降、茶生産量も世帯当たりの消費量も著しく減少し続けているのが第1の理由。次に、20世紀末時代の日本人のライフスタイルにおいて、すでにお茶は消費者ニーズを受け止められないものになっていて、17世紀からの第3期おおよそ400年間続いてきたこれまでのお茶の価値が、すでになくなりつつあったというのが第2の理由。そしてその結果、お茶の延命のためには、時代にマッチする新たな価値ある日本茶への革新が求められていたという理由などから、日本茶革新400年周期の有効性は21世紀にも示されていると言える。

　その厳しい現実を踏まえると、お茶の危機的時代に生きる茶業界人は、それを悲壮的にではなくポジティブなミッション、壮大なチャレンジ・夢として認識し、クリエイティブに果敢に突き進むことが、お茶を救う道であると知るに違いない。それこそが、日本茶革新400年周期説を提唱する意義、ゆえんである。

深刻な現実　日本茶は危機!?

　さて、建国250年程となるアメリカ合衆国が、多種多様な人種のメルティングポット（るつぼ）であるように、日本は歴史的に食文化のメルティングポットと言えるのではなかろうか。450年程前の長崎にポルトガルからもたらされたカステラをはじめ、天ぷら、カレー、ラーメンなどは、日本の食文化として当然のようにレストランや食卓で楽しまれているが、もとは外来モノの食べ物。それらの中でも日本という食文化のるつぼでじっくり熟成された日本文化の中心的存在の外来モノと言えば、やはり日本茶がその第一だろう。日本の記録に残る最古のお茶は千数百年前にさかのぼり、今日まで時代のニーズに適応しながら、今では純粋な自国製のように"日本"茶と呼ばれている通り、日本で独自の革新を遂げてきた。逆に言えば、その革新がなければ、日本茶として現代までサバイブすることは不可能だったろう。日本茶の歴史は、日本文化革新の歴史とすら言え、その新たな日本茶の革新という課題に、21世紀現代の我々は直面していることを明確に認識しなければならない。なぜなら、今の時代に適応しなければ、日本茶はこれから生き残れない、日本茶の歴史はここで消えてしまうのだから、極めて深刻な現実に我々は向き合っているのだ。

果たして日本茶は、この 21 世紀を超えてさらに生き残ることができるだろうか？
現在位置と将来を考えるためにも、過去 1200 年余の時代のニーズに適応し、革新し続
けてきた日本茶の歴史を簡単にふりかえりたい。

日本茶革新のクリエイター、ゲームチェンジャーとは !?

　平安時代の昔、日本は唐代（7－10 世紀）の中国へ遣唐使を何度も派遣し、中国の宗教、
文明、文化を日本に取り入れてきた。唐代のお茶は団茶（餅茶）と言われるもので、日
本へは天台宗の開祖伝教大師最澄、真言宗の開祖弘法大師空海ら僧侶が 9 世紀初頭に日
本へ伝えた。団茶は、茶葉を摘んだ後、団子状・餅状に固めて天日で乾燥させ、そのか
たまりを削って鍋に入れて煮出して、僧侶の眠気覚ましや殿上人の薬用として極一部の
上流層で飲用されていたと言う。今でも団茶は存在するが、これはいわば古典的な飲み
方、音楽の分類で例えれば、古典派と言えるだろう。
　宋代（10－13 世紀）の中国からは、臨済宗を開いた栄西禅師が 13 世紀直前頃に茶の
実と点茶法を持ち帰り、長崎平戸において日本で初めて茶の実をまいた。その茶畑は平
戸に富春園として現存する。その後、茶の実は明恵上人により京都栂尾高山寺に植えら
れた。当時のお茶は、乾燥させた茶葉を粉末状にして湯に混ぜて飲用し、貴族ら上流階
級が楽しみ、武士階層へも広がっていった。現在の抹茶の原型と言える。
　抹茶と言えば茶聖千利休（1591 年没）、日本史における最大の日本文化クリエイター
であり、利休の茶は村田珠光（1502 年没）、武野紹鴎（1555 年没）らを経て日本文化
の洗練を極め、茶道を大成させた。その間、抹茶は薬用からはじまり、極めて文化的な
飲み物として革新し、お茶を喫すること自体が価値の高いものとなって昇華した。さし
ずめロマン派のお茶と言えるだろう。さらに、16 世紀末の茶道大成後の 17 世紀には、
現代人にとって一般的な煎茶（急須に茶葉を入れ、湯を注いで茶葉を煎じ、その抽出液
を飲む様式）が日本に到来した。明代（14－17 世紀）の中国からインゲン豆で有名な
黄檗宗の隠元禅師が 1654 年、長崎の東明山興福寺に煎茶を伝えたのが日本でのはじま
り。その後、売茶翁（柴山元昭／高遊外）が広め、煎茶は次第に江戸時代の繁栄に伴っ
て一般的な飲み方になっていった。9 世紀前後の導入期から、長い時間をかけて日本独
自の "日本" 茶となり、ようやく高貴から庶民へ降りてきた。古典派、ロマン派の後の
近代派スタイルのお茶が煎茶と言えるだろう。
　ちなみに以前、作家陳舜臣氏（故人）とお話しさせていただく機会があり、「唐代の団茶、
宋代の抹茶、明代の煎茶という区分でよいでしょうか？」と尋ねたところ、陳氏は「そ
ういうことになりますなー。」と感慨深い思いを巡らせながらおっしゃられた。こうし
て日本茶は、中国の唐、宋、明という各時代の喫茶様式を原型として、日本の貴族階層
から時間を経て濾過（ろか）されながら庶民に至るまでの過程において、日本というメ
ルティングポットで長い時代をかけて煮込まれ、千利休をはじめとする鋭敏な文化のク

リエイターたちが、言わば文化の化学変化を起こし、洗練された様式美、固有の文化となって、現代まで日本人のライフスタイルに深く根ざしていった。これは、日本ならではの地理的、気候的、民族的独自性の強いキャラクターのなかでこそ成しえた奇跡、日本人として大いに誇りに思うところだ。

　これまで述べてきたことを端的に言えば、日本文化史と日本人のライフスタイルに大きな存在感を醸す日本茶は、千年以上の時代の中で何度かの革新が起った結果、サバイブしてきた。そして、その功労者は、最澄、空海、栄西、そして千利休らに代表され、

団茶

写真提供：五島市

47

彼らは時代を切り拓いた偉大なクリエイター、ゲームチェンジャーだった。奇しくもそれらは、9世紀、13世紀、17世紀前後に成されており、そして現在が第4期目となる21世紀。これが日本茶革新400年周期説であり、存続の危機に瀕する日本茶は、次なるドラスティックな革新を歴史的必然性として求められていたのだ。

1970年代　日本茶危機が始まった

　この日本茶革新400年周期説を考えはじめた1980年当時の日本をふりかえってみよう。1970年開催の大阪万博は、日本の食文化においては非常に大きなターニングポイントだった。なぜなら、その大阪万博を機に、今では日本国中普通にある外来モノのフライドチキン、ドーナツ、ハンバーガーやファミリーレストランが大挙して日本に到来してきたからだ。この時代においても日本はやはり食文化のメルティングポットだった。当時はいわゆる高度成長期、夫婦共働き（Double Income）の急速な一般化は、可処分所得の増加と家庭での食事時間に制約を与えたため、外食化が一気に進み、その受け皿は目新しく味覚的刺激性の強いファストフードやファミレスでの洋食となった。それらの洋食・外食においてお茶が供されることはなく、次第に日本人は刺激的なインパクトの強いそれらの食べ物に魅了され、コーラや炭酸ジュースなどこれまたインパクトの強

千利休像（堺市博物館）

千利休

隠元禅師像（長崎市　東明山興福寺）

隠元禅師

い飲み物を口に運ぶようになっていった。併せて、1970年代の高度成長期は大阪万博見物を機に、日本人の移動性は極めて活発化してアウトドア志向になっていき、その移動性（Mobility）に即応できなかった日本茶が飲まれる物理的な機会が著しく減少したため、日本人が日本茶からどんどん遠ざかっていく要因となった。つまり、お茶はもはや「日常茶飯」のものではなくなりつつあった。その危機的状況が迫りつつあったにもかかわらず、茶業界はその社会現象に気づかず、即応できぬまま、その後も低迷をたどっていった。

　象徴的に言えば、20世紀の時代、最も価値を高めた飲み物は水、そして、もっとも価値を下げたのはお茶だった。タダだった水が価値を高めて有料でも買うようになり、お茶は漫然とタダで供されていたからだ。あえて自虐的に言っているわけではなく、実質的にそうであったことは、当時をふりかえれば誰もが納得できることだろう。しかし、そんな急下降状況にあった時代でも、お茶という"モノ"が中元・歳暮では上位ランクのギフト商品として、それまで同様に市場へ大量に供給され続けた。一般的な高額ギフト価格帯商品には玉露がセットとして販売されていたが、茶業界は玉露の美味しい飲み方、簡単な淹れ方などの提案をまだその当時してはいなかった。多種多様な新しい食文化ライフスタイルのはじまりの中で、お茶は消費者満足から離れていった。さらに決定打は、その後のバブル崩壊（1991年頃）により企業も個人も虚礼廃止に向かい、頼りのギフト市場も冷え切り、すでに自家需要のお茶（特に茶葉）は減少の一途をたどっていたため、1990年頃の一人当たりのお茶の消費量は、その20年ほど前の約1kgから600gを切るほどに落ち込んでしまっていた。かろうじて、1980年代にペットボトル入り緑茶が爆発的に広まったことで、緑茶類への消費者ニーズ離れを短期間ではあるが部分的に食い止めることはできた。しかし、例えペットボトル入り工業製品のお茶であっても、長年飲み慣れた日本人の肥えた舌が妥協してくれなくなったためか、近年の総務省家計調査によると、緑茶飲料の年間消費支出額も下降してきている。お茶はやはり嗜好品であることから、味覚的品質（Quality）を高めていかなければ、長期的継続は難しい。

　すなわち、1980年代までの日本茶は、過去の日本的文化・食生活の中だけで存在し、作法にもとらわれ過ぎていて、極めて幅が狭い世界の飲料になっていた。最右翼を茶道とすれば、逆側の左翼といっても、かき氷の宇治金時、茶そば、茶アメ程度。様々な食の場面におけるお茶のバリエーションが極めて限定的で少なく、すでに人々の生活シーンを受け止められなくなっていた。つまり、味覚的刺激性の強い外来系飲食が一般化する中で、日本茶は幅広い多様性（Diversity）への対応が極めて遅れていたのが実情だった。

MATCHA
LATTE

MATCHA
ICE CREAM

日本茶革新のキーワードは "MDOQ" ！？

　自説「日本茶革新 400 年周期説」に基づいて私自身は、1980 年以降 40 年に及ぶ今日まで日本茶の革新を試行錯誤し、抹茶アイスクリームや抹茶ラテなどお茶の革新的バリエーションを米国で考案、世界的に事業化し、それが引き金となって日本はじめ世界へも広がり、今日では "Matcha" という言葉は世界語となって飛躍的な活況を現出している。その詳細は別稿で述べるが、この 21 世紀は日本茶革新 400 年周期の第 4 期復興がはじまり、今や日本茶は好感度イメージでグローバルに広がっている好機にある。

　では、その第 4 期復興を長期的に可能にする重要ポイントは何か？　21 世紀時代のライフスタイルにマッチするお茶革新のキーワードは "MDOQ" だと思っている。米国を拠点として長年世界に日本茶を提案してきた経験から、Mobility、Diversity、Originality、そして Quality、キーワードは "MDOQ" に尽きるのではなかろうか。21 世紀はヒト・モノ・カネ・ノウハウがボーダレスで世界を移動し、移動しながら人は飲食もしている、もはや世界に垣根はない。しかもそれらの飲食はエスニックや味覚的刺激性が強く多種多様だ。それらにマッチする取り合わせの良い飲料・原料もすでに存在している以上、それらの飲料・原料に負けないユニークかつ高品質なマッチング、ハイブリッド化が求められていた。その意味で、"MDOQ" を満たすお茶革新の突破口は、日本の抹茶が最適だと経験的に思い至った。そこに着想し、具体的に世界に向けてアクションを積み上げてきた結果、"Matcha" は世界に大きく飛び出せた。北米のみならず、

欧州、アジア、豪州、アフリカなどでも "Matcha" はポピュラーになっている。これまでの過程と現在の世界的現象から、まさに "抹茶革命成る" を実感している。21 世紀というこれまでのいかなる時代とも異なるグローバルな情報化時代、そこに生きる世界中の人々は、まさに新たなライフスタイルの時代にあり、そのライフスタイルにマッチする日本茶こそが求められていたからこそ、革新的な "Matcha" は世界へ急速に広がった。日本茶への絶え間ぬ "Revitalize"（活力再生）こそが、日本茶をサバイブさせる原動力となるのだ。

茶業界次世代への期待と夢

　お茶を生業とする次世代たちは、この 21 世紀という時代に日本茶が世界中で愛されて定着し、さらにはネクスト 400 年をサバイブさせるという壮大な夢を我が事として認識してはどうだろう。そしてさらに、「お茶の素晴らしい変革期に自分は生きている！」、「次の千利休に、日本茶の救世主に、自分こそがなるぞ！」と意気込み、その良きプレッシャーを感じるとさらに面白くなるように思う。なぜなら、現状の "Matcha"、"Green Tea" の世界的な "上げ潮" をこれからも継続して盛り上げ、世界に定着できなければ、日本茶は容赦なく淘汰される崖っぷちに今もなおあるからだ。私自身は、その大いなる危機感を稀有壮大な夢という無限のエネルギーに変換し、日本茶革新クリエイターをめざすパイオニアとして 40 年近く米国を基点に世界へ "無茶" なチャレンジを続けてきた。しかし、茶聖千利休ですら村田珠光、武野紹鴎らの先人を受け継いでたゆまぬ努力を重ねた結果、茶道を大成させたのだから、この 21 世紀、日本茶革新は、営利ビジネスという事業活動の域を超える心意気と決意で、人生のロマンとして賭ける次世代たちがつないで続けてくれることを期待してやまない。日本茶革新 400 年周期第 4 期目はじまりの 21 世紀を、さらに力強い独創的なクリエーションで新たな「茶のチカラ」を世界に提案し、広げて定着させ、世界の人々に健やかな安らぎのあるライフスタイルを提供し続けいていくことを次世代に託したい。そして、すでにそのチャレンジに取り組んでいる頼もしい次世代たちには、最大限応援したいとも思っている。

　古典派、ロマン派、近代派の革新が成された日本茶革新 400 年周期のバトンを 21 世紀の次世代に少しだけつなげることはできたが、さらなる２１世紀 "スペース時代派" のお茶として 100 年後 200 年後も続いてくれたら、第 5 期目 25 世紀には、お茶はどのようなものにさらに革新しているだろうか。永遠の「茶のチカラ」と次世代たちの不断のチャレンジを信じたい。

　日本茶革新 400 年周期への夢と期待は、尽きることのないネバーエンディングストーリー。

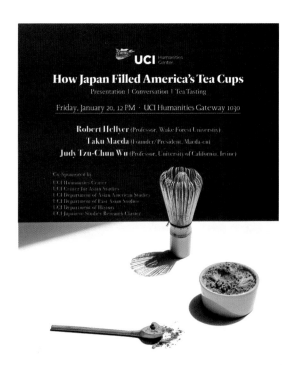

アメリカの大学（UCI）での特別講義
において、日本茶革新400年周期説と
自らのアメリカでの抹茶普及について
熱く語る前田拓

茶の世界史

資料データ『年表　茶の世界史』（松崎芳郎編著　八坂

時代	西暦	和暦	事項
江戸時代	1641	寛永18	オランダ商館を平戸から出島へ移す（鎖国の完成）
江戸時代	1644	正保1	イギリス、厦門商務機構を設立、英文で「Tea」と呼ぶと初報告
江戸時代	1654	承応3	隠元禅師が中国より渡来。「唐茶の鎌煎」を製す。隠元茶と号す。是れ出し茶成
江戸時代	1692	元禄5	出島オランダ商館医師ケンペル『日本外国貿易史』に出島で買い入れるものに「茶、糖菓…」と記す
江戸時代	1716	享保1	オランダ東インド会社の茶の買付記録に10万ポンドの内9万ポンドは緑茶と
江戸時代	1728	享保13	露清国境キャフタが自由貿易拠点となり茶がロシアに輸出される
江戸時代	1735	享保20	本邦煎茶の始祖　売茶翁（柴山元昭のち高遊外）61歳のとき、京の東山で「通仙亭」という茶店を設ける
江戸時代	1748	寛延1	高遊外『梅山種茶譜略』に茶の伝来「第一脊振山、第二栂尾、第三聖福寺」と（1763年没）
江戸時代	1773	安永2	ボストン茶会事件（1776年のアメリカ合衆国独立の引き金になる）
江戸時代	1823	文政6	シーボルト、出島和蘭商館医としてバタビアから長崎出島へ着任
江戸時代	1825	文政8	高野長英、シーボルトに論文「茶樹の栽培と茶の製法」を提出する
江戸時代	1838	天保9	イギリス、茶の見返りとして中国に送ったアヘン4万箱に達する（アヘン戦争1840～42年）
江戸時代	1853	嘉永6	ロシアの節団員ゴンチャロフは日本茶の感想を『日本渡航記』に記す
江戸時代	1856	安政3	下田に入港したアメリカ総領事ハリス、紅茶を幕府に献上する
江戸時代			この頃、長崎の商人大浦慶、貿易商オルトから茶の注文をなす、日本人初の茶輸出をなす
江戸時代			これ以降、日本茶は国際貿易商品となり、日本茶輸出貿易史はじまる（時期に諸説あり）
江戸時代	1858	安政5	日米修好通商条約により長崎、横浜、函館を開港
江戸時代	1861	文久1	長崎大浦居留地にてトーマスグラバーが輸出用再製茶場操業、以後、再製茶場増加
江戸時代	1864	元治元	オルトの妻エリサベスは回想録大浦居留地の製茶工場の様子について記録
江戸時代	1867	慶応3	パリ万博の幕府館に茶屋が設けられ茶500斤が出品された
明治	1871	明治4	アメリカ、パシフィック・メイル社が太平洋航路を開設し、茶の輸出が増加
明治			日本茶の輸出量1800万ポンドと激増。アメリカ大陸横断鉄道完成の影響
明治	1879	明治12	アメリカ合衆国グラント前大統領が退任後世界一周、日本初訪問地として長崎に到着
明治			大浦慶、上申書「長崎港製茶輸出経歴概略」提出、翌年政府は茶業振興功労褒賞を贈る（1884年没）
明治	1883	明治16	アメリカで贋茶輸入禁止条例が制定される
明治	1884	明治17	ニューヨークで日本茶が値崩れ「ニューヨーク」報告
明治	1886	明治19	日本郵船会社長崎・天津定期航路を開設し茶の中国輸出回復
明治	1890	明治23	日本からロシアに茶を輸出しはじめる
明治	1892	明治25	前田正名は各地を遊説し、茶業者の全国的団体結成をよびかけた

革新400年周期説

前田 拓による図解

革新

サバイブは世界中の生活シーンにフィットする幅への革新

世界中の
生活シーンに
健やかにフィット

❹ 4th Wave 日本茶革新
世界へ拡散

抹茶入り和洋菓子類の広がり

Matcha Café の普及
コーヒー店等での抹茶ドリンク

お茶カフェ 初登場（当社 1999 年）

米国製造抹茶アイスの日本輸出販売開始（当社 1995 年）

抹茶アイス開発・販売（当社 1993 年）

和風喫茶店 宇治金時など

米国外食チェーンの日本進出	
1970 年 大阪万博がきっかけ	
1970	KFC、ダンキンドーナツ
1973	デニーズ
1971	マクドナルド、Mr.ドーナツ

輸出減少

日本茶輸出開始と生産急拡大

イギリスで紅茶が普及

❸ 煎茶伝来｜明代中国から

緑茶がヨーロッパの貴族に普及

❷ 抹茶伝来｜宋代中国から

❶ 団茶伝来｜唐代中国から

International Style

お茶伝来から現代まで、俯瞰すれば見えてくる

日本茶

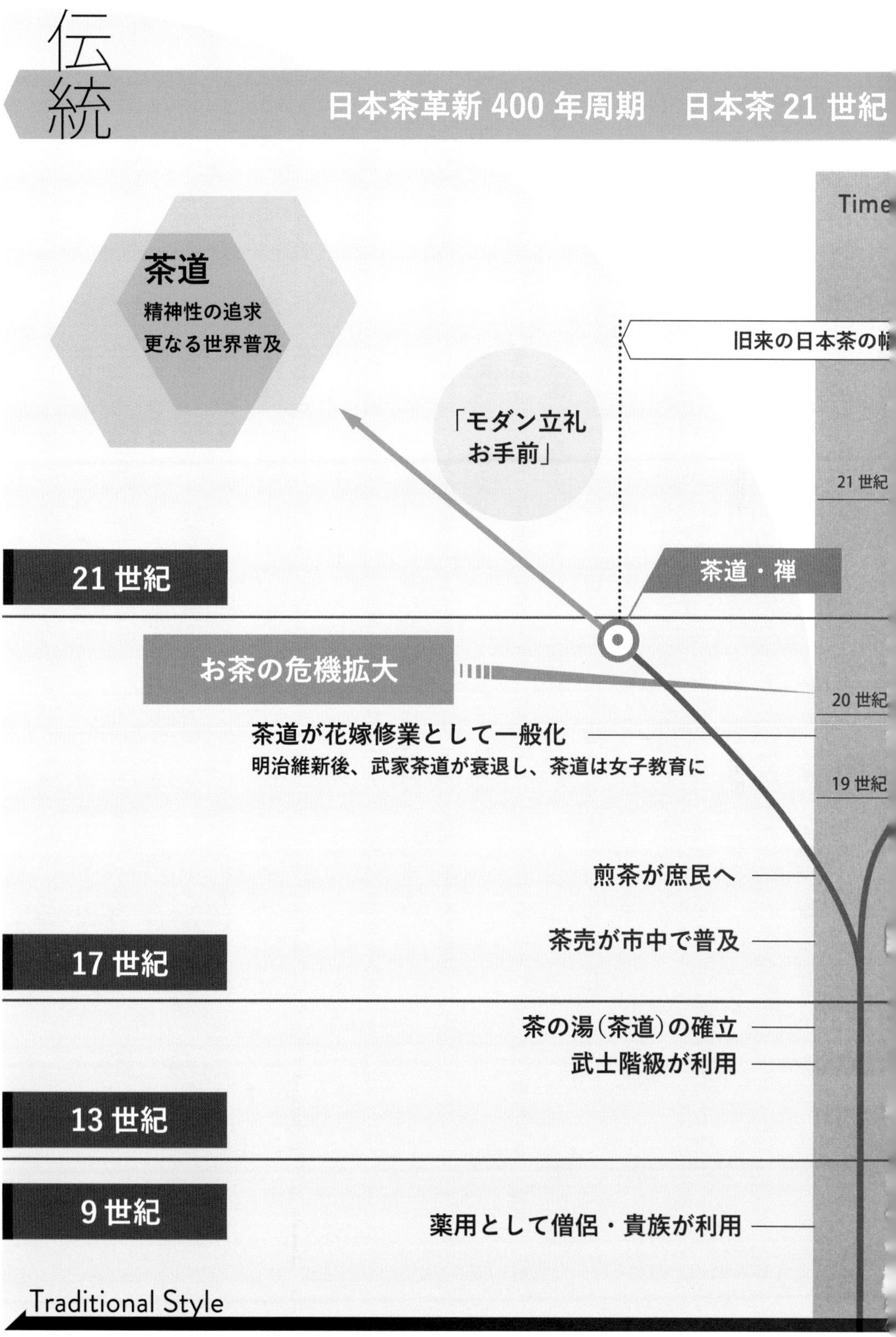

伝統
日本茶革新 400 年周期　日本茶 21 世紀
Time
茶道
精神性の追求
更なる世界普及
「モダン立礼
お手前」
旧来の日本茶の幅
21 世紀
茶道・禅
21 世紀
お茶の危機拡大
20 世紀
茶道が花嫁修業として一般化
明治維新後、武家茶道が衰退し、茶道は女子教育に
19 世紀
煎茶が庶民へ
茶売が市中で普及
17 世紀
茶の湯（茶道）の確立
武士階級が利用
13 世紀
9 世紀
薬用として僧侶・貴族が利用
Traditional Style

年表

時代	西暦	和暦	できごと
奈良時代	734	（天平6）	『正倉院文書』に写経生の食料として「茶15束」を買い求めたと記録がある
奈良時代	760	（天平宝字4）	唐の陸羽（字は鴻漸）が『茶経』3巻を著す。著者は茶神と称される
平安時代	788	（延暦6）	最澄（伝教大師）比叡山延暦寺を創建。延暦年間に唐より茶を持ち帰る
平安時代	805	（延暦24）	最澄、唐より持ち帰った茶実を坂本日吉神社に植える。中国より茶種、石碾（いしうす）持ち帰る
平安時代	806	（大同1）	空海、帰朝して真言宗を始める。「団茶」を持ち帰る
平安時代	815	（弘仁6）	唐より帰朝した僧永忠が嵯峨天皇に茶を煎じ奉ると天皇は茶を植える命令を
平安時代	951	（天暦5）	空也上人、疾病流行に際し薬用に茶を施す。梅干、昆布を入れ「大福茶」流行
鎌倉時代	1191	（建久2）	栄西、宋より平戸葦ヶ浦に帰国し臨済宗を伝える。このとき茶種子も持ち帰る（1192年説も）
鎌倉時代	1202	（建仁2）	明恵上人、栄西より茶種子を得て京都栂尾（とがのお）に植える（1207年説も）
鎌倉時代	1211	（建暦1）	栄西『喫茶養生記』を著し、将軍源実朝に献上する。2日酔いに茶を勧める
鎌倉時代	1227	（安貞1）	道元と中国より帰朝した加藤四郎左衛門、尾張瀬戸で茶器製造を始める
鎌倉時代	1267	（文永4）	筑前崇福寺の大応国師、宋より茶台子（茶棚）と茶の書物7部を持ち帰る
室町時代	1322	（元亨2）	仏乗禅師、元に入り、日本に初めて『茶経』を持ち帰る
室町時代	1340	（暦応3）	『異制庭訓往来』に茶産地の記述があり、「栂尾を以て第一となすなり」と この頃、「茶かぶき」「闘茶」流行
室町時代	1394	（応永1）	山城国の光賢上人が「数寄」と歌に詠む。「茶数寄なりけん」と
室町時代	1517	（永正14）	ポルトガル人が海路広東に渡来、飲料の茶を知る。ヨーロッパ人初の茶体験
室町時代	1532	（天文1）	堺の武野紹鴎が入道して茶道専念の生活に入る。茶道の実際を記す
室町時代	1562	（永禄5）	イエズス会宣教師ルイス・フロイス来日。『日欧文化比較』で茶を紹介
室町時代	1565	（永禄8）	イエズス会修道士アルメイダ、肥前福田からの手紙に「日本人はチャという植物を愛好」紹介
安土桃山時代	1581	（天正9）	千利休、野村宗覚宛に『茶道伝書』を記し点前について「稽古すべし」と書く
	1610	（慶長15）	オランダ東インド会社、平戸からヨーロッパへ初めて茶を輸出。最初の渡欧茶
	1615	（元和1）	平戸駐在のイギリス東インド会社ウィッカムがイギリス人初の茶情報を報告
	1635	（寛永13）	オランダを通じてフランスに初めて茶が導入されたという（1636年説も）
	1637	（寛永14）	オランダのバタビア商館長宛に「日本茶のほか中国の茶びんを手配して」と

書房　2012年刊）などから作制

日本人初　日本茶の商業輸出を成し遂げた長崎の女傑

大浦お慶さん
の功績

前田　拓

KEI OURA

アメリカ大統領に対面した初の日本人女性『大浦慶』

　アメリカ初代大統領ジョージ・ワシントンから数えて現在は 46 代目になるが、初めて日本を訪問したアメリカ大統領は、2 期 8 年を務めあげた 18 代目のユリシーズ・グラント（在 1869 年 - 1877 年）だった。彼はグラント将軍として知られ、南北戦争（1861 年 -1865 年）を勝利に導いた北軍の総司令官として大統領に就任したアメリカ陸軍士官学校（ウエストポイント）出身初の軍人大統領だった。大統領任期中の 1872 年、訪米明治政府の岩倉具視使節団はワシントン DC ホワイトハウスにて会見している。そのグラント将軍は、大統領職 2 期目を終えた 1877 年、夫妻で 2 年間の世界周遊に旅立ち、東回りでヨーロッパ、インド、香港、清国（現在の中国）を経て、1879 年（明治 12）に日本を訪問、東京では国賓として明治天皇と会見した。

　その東京訪問前の 6 月 21 日、アメリカ大統領経験者が初めて日本の土を踏みしめたのは、鎖国時代約 250 年間の日本において唯一世界へ開かれていた国際都市長崎だった。グラント前大統領の初訪日都市となった長崎では、日本初のアメリカ大統領歓迎晩餐会が開かれ、その席に招かれた唯一かつ初の日本人女性が大浦慶だったという。

　つまり、アメリカ大統領経験者に公式に初めて会った日本人女性は、日本茶輸出で功成り名を遂げた長崎の女傑・大浦お慶さんになるのではなかろうか。

イラストレーション：嵜本雪紀望

RYOMA
SAKAMOTO

「お慶さん」が登場するドラマや小説

　敬愛をこめて"お慶さん"と呼ぶが、さまざまな小説や文献で彼女の足跡やストーリーを知れば知るほど、160年以上も昔の江戸時代末期に、これほどの女性事業家が日本にいたのだと驚嘆し、さらなる興味を感じずにはいられない。

　これまでテレビドラマや書籍等において、大浦お慶さんが登場したことは何度もあるので、その一部をご紹介しよう。記憶に新しいところからTV番組では、「龍馬伝」（NHK大河ドラマ49作2010年、キャスト／竜馬：福山雅治、お慶：余貴美子）、「竜馬がゆく」（TV東京2004年、キャスト／竜馬：市川染五郎（現：十代目松本幸四郎）、お慶：松たか子）、「竜馬がゆく」（NHK大河ドラマ第6作1968年、キャスト／竜馬：北大子欣也、お慶：左幸子）。書籍では、「グッドバイ」（朝日新聞出版2019年、著者／朝井まかて）、「龍馬が惚れた女たち」（幻冬舎2010年、著者／原口泉）、「女丈夫大浦慶伝」（文芸社2010年、著者／田川永吉）、「大浦お慶の生涯」（商業界2002年、著書／小山内清孝）、「大浦お慶」（長崎文献社1990年、著者／増永驍）、「大浦慶女伝ノート」（昭和堂印刷1990年、著者／本馬恭子）、「竜馬が行く」（文芸春秋1963年、著書／司馬遼太郎）など。それらのなかでも、司馬遼太郎「竜馬がゆく」では、坂本竜馬や陸奥宗光らは大浦お慶さんの支援を受けていたとの箇所もあり、幕末明治期の躍動する歴史のなかでの多彩なお慶さんの一面がさまざまなイメージで描き出されている。いずれも非常に興味深い内容なので、ぜひご一読いただきたい。

　しかし何より、彼女が成した日本茶の海外輸出という大きな功績は、長崎が果たした役割とともに、日本中にそして世界へももっと認識され、称賛されてしかるべきだと思っている。それが、この書を発刊しようと思い立った動機でもあった。

　中高校生の頃だったと思うが、歴史教科書に明治初期における日本の主な輸出品は、生糸の次にお茶と書かれていたことを覚えている。それが実は、大浦お慶さんの功績によるものだったと知ったのは後年のこと。そのお慶さんの名前をはじめて知ったのは、高校生時代だった。長崎の繁華街を通っての下校時、当時長崎茶商組合長だった父と何人かの人達が、アーケードの街頭で「大浦お慶まつり」の催しをしていた。その聞きなれない名前も催しの意味も解らぬまま大学生になり、司馬遼太郎の代表作「竜馬がゆく」を読んで、大浦お慶さんが誰かをようやく知ったのだった。長崎市生まれの私にとって、お慶さんが居住した油屋町は、私の自宅から目と鼻の先。そのリアルな親近感から、坂本竜馬とお慶さんがともに活躍した幕末という心躍る時代の長崎を思い浮かべながら、青年時代はその界隈を踏みしめたものだった。

　その大浦お慶さんこそが、幕末の長崎から日本茶を輸出ビジネス商品として開拓して初めて大成功させた日本人事業家であり、その後は日本茶が全国的に一大輸出産業化することができた先駆け、正真正銘のパイオニアだった。

貿易データが示すお慶さんの業績

　今も昔もビジネスの世界において、どの商品が売れるか、将来性があるかの匂いを嗅ぎとる、いわば“目利き”は極めてむずかしいことだ。大ヒット商品に成りうるかどうかをいち早く読む“先見の明”、その商品に賭ける“リスクテイク”そして全力で取り組む“スピード”を兼ね備えてやり遂げることは、今日でも極めて困難な事業判断である。お慶さんは、海外への日本茶輸出の道を拓き、日本初の女性事業家として歴史を刻み、ビジネスの醍醐味を存分に満喫しただろう。

日本貿易　　主要品目別輸出構成比率

	茶	生糸	綿糸	綿織物	絹織物	セメント	陶磁器	鉄鋼	繊維機械	船舶	魚油鯨油	がん具
1870	31.03	29.42		0.03	0.01		0.18				0	
75	36.87	29.15		0.05	0.04		0.61				—	
80	26.41	30.31		0.12	0.13		1.67				0.04	
85	18.45	35.09		0.48	0.16		1.87				0.29	
90	11.18	24.48	0	0.31	2.09		2.20		0.01		0.11	
95	6.52	35.17	0.76	1.70	7.39		1.44		0.15	0.01	0.39	
1900	4.42	21.84	10.07	2.80	9.10	0.09	1.21		0.04	0.08	0.44	0.17
05	3.29	22.34	10.34	3.57	9.41	0.01	1.66		0.85	0.25	0.23	0.19
10	3.17	28.40	9.89	4.46	11.61	0.29	1.20	0.04	0.07	0.08	0.57	0.33
15	2.17	21.43	9.35	5.54	6.10	0.35	0.98	0.06	0.14	0.14	0.32	0.64
20	0.88	19.62	7.82	17.21	8.13	0.44	1.61	0.69	0.17	0.81	0.17	1.09
25	0.64	38.07	5.34	18.77	5.07	0.19	1.53	2.23	0.15	0.08	0.18	0.47
30	0.57	28.35	1.02	18.52	4.47	0.68	1.85	0.58	0.26	0.37	0.54	0.80
35	0.46	15.49	1.44	19.85	3.10	0.32	1.71	2.60	0.52	0.05	0.28	1.35
40	0.68	12.20	1.59	10.91	1.04	0.38	1.72	2.95	0.66	1.01	1.09	0.57
45	0.06	—	0	3.35	1.29	0	0.52	1.55	0.26	0.52	—	0.26
1950	0.61	4.73	2.12	24.86	2.68	0.74	2.19	8.71	1.20	3.16	0.83	1.48

［資料出所］東洋経済新報社『日本貿易精覧』により計算（パーセント表示）

左記統計数値によれば、1870 年（明治 3）1875 年（明治 8）までは首位、お茶は我が国の売上ナンバーワン輸出品として君臨した。お慶さんのおかげで、明治初年頃には、お茶は外貨獲得の主要輸出商品となり、国策的に輸出奨励されていた。今後のさらなる調査研究を待つが、日本茶を輸出商品として取引したのは、大浦お慶さんが日本人初であり、それは 1858 年（安政 5）日米修好通商条約による長崎、横浜、函館開港前の1856 年（安政 3）頃とされている。そのお慶さんの偉業により、日本茶がお茶の世界市場有望商品とみなされたことで、外国商人らは茶輸出港長崎にビジネスチャンスを狙い定めた。開港翌年の 1859 年（安政 6）に初来日したトーマス・グラバーは、1861 年（文久 1）には輸出用再製茶場を長崎大浦居留地にて操業、以後も多数の外国資本による再製茶場が操業をはじめた。記録によると、1866 年（慶応 2）にはグラバー、オルトら含め 6 箇所の再製茶場があったと記している。（注：「幕末・明治期における長崎居留地外国人名簿 編集・発行 長崎県立長崎図書館」から）しかし、その主要輸出国アメリカへの輸送上の利便性、大量生産が可能となった地域性、効率性などにより、神戸港、横浜港が地の利を得、長崎港のお茶輸出の役割は時代と共に終わりを告げた。とはいえ、今日の基盤をゼロから創ったのは、16 世紀以来の国際性豊かな長崎の土地柄であり、その長崎という都市のキャラクターが輩出した大浦お慶さんという稀代のビジネス女傑だったわけだ。すなわち、大浦お慶さんは外貨獲得にあえいでいた明治初期日本の救世主だったといっても過言ではない。その意味では現在も、全国の茶業関係者は、先駆者大浦お慶さんへの感謝を忘れてはならない。

　それほどエネルギッシュで魅力的な人物、大浦お慶さんへの興味と敬愛は尽きず、お慶さんからチャレンジ精神を習い、お慶さんの偉業の端緒となった主要輸出相手国アメリカへ自分自身も日本茶を引っさげて飛び込んだ。以来 40 年近く、世界へ向けて"GREEN TEA" "MATCHA" ビジネスを営んでいるが、お慶さんの度胸と才覚にはいまだ敬服するばかり。

　さてさて、21 世紀これからの WORLD GREEN TEA BUSINESS の躍進や如何に？！お慶さんをしのぐ GREEN TEA BUSINESS PERSON の登場に期待したい！

茶寿 （ちゃじゅ）

茶寿とは長寿を祝う言葉 108 歳のこと、茶の漢字をばらばらにすると、くさかんむりが十と十、その下が八、十、八となり 10+10+88＝108 歳というわけです。茶寿を提唱したのはお茶屋さんともいわれていますよ。

泰平の眠りを覚ます上喜撰
たった四杯で夜も眠れず

1853 年ペリー艦隊の浦賀への黒船来航を、蒸気船と高級茶「上喜撰」をかけて、幕府の狼狽ぶりを皮肉った狂歌です。開国をせまる米国の対応に幕府が慌てふためく様子を、お茶のカフェイン作用で 4 杯も飲むと夜眠れないということと、ペリーが乗ってきた 4 隻の蒸気船をかけているのが粋ですね。

茶のつく地名

日本に「茶」がつく自治体はたった一つ。北海道川上郡標茶町（しべちゃちょう）釧路湿原が広がる人口 7000 人ほどの酪農の町です。町名の由来はアイヌ語のシペッチャ（大きな川のほとり）で、お茶とは関係ないのが残念ですが。他に「茶」のつく地名は、「お茶どころ」を中心に 145 ほど数えられています。

やせ蛙負けるな一茶ここにあり

一茶

一茶と言えば、「やせ蛙負けるな一茶ここにあり」の俳人小林一茶が有名ですね。現代では音楽グループ DA PUMP の ISSA こと邊土名一茶（へんとないっさ）さん。この ISSA さんの兄弟はすべて茶の字がつきます。長女・茶美、長男・一茶、次男・二茶、三男・茶三海。沖縄ではお茶は縁起物であり、父親が小林一茶が好きだったこともありこういう名前になったとか、次男三男の読み方は、「にちゃ、ちゃさんかい」ではないんですよ。

茶色

お茶は Green なのになぜ Brown を茶色というのか、一度は不思議に思った人も多いでしょう。日本人は古から自然のものの色に例えて色の呼び名を付けていました。同じ緑でも青柳、萌黄、若菜などすてきな名前がついていますね。茶色はお茶を布にしみこませた色で、もともと庶民が飲むお茶は番茶で黒色に近く、それを煮出したり熱湯をかけて飲んでいたので緑色からは程遠かったのですね。現在のような製法で緑茶をのむようになったのは江戸時代中頃、茶色という概念ができたずっとあとだったというわけです。

茶柱がたつ

茶柱がたつと縁起がよいといわれますね。なぜ茶柱がたつのかは科学的に実証されていますが、そんなことよりもなぜ縁起がいいかですよね。旧来の飲み方をしていたときもめったにおきない珍しい事で縁起がよいということでしたが、最近はボトル入りのお茶やティーバッグ、インスタントティーを飲むことがおおくなって、急須でいれて飲む機会が減り茶柱をみることもウンとへりました。茶柱はお茶の茎ですが、（家の）柱がたつのは縁起が良い、また神様や仏様を数えるとき（の単位）も柱を使うといった尊いものとして縁起がよいとなったようです。一説には、お茶屋さんが（茎が多くなる）2 番茶以降も売れるように商売戦略で・・・という話もありますよ。

無茶

若い世代が「無茶ぶり！」と、よく口にしますが、無茶苦茶など私たちが日常使う「むちゃ」は仏教語の無作（むさ）、無限定なものや翻っていい加減なさまを表すことばが語源といわれ、漢字の無茶は当て字だそうです。が・・・その「無茶」＝「茶が無い」という意味をそのまま使い、1970 年代以降の日本における日本茶の実態を危惧しこのままでは日本茶が無くなるのではという思いから、大学の卒論は「無茶 - Sale GT、お茶の将来への Crisis Warning と Agri-Product による存続と成長に関する考察」。その後現在まで、日本茶の新しいライフスタイル創造、世界販路拡大という無茶を実践し続けているのが、なんとこの本の著者なんです。

古写真で辿る

幕末明治の製茶と喫茶

長崎大学附属図書館古写真コレクション

Nagasaki University Library Old Photo Collection

Tea production and Tea house in
the Bakumatsu and Meiji eras traced
through old photographs

長崎大学附属図書館蔵

茶摘み風景 ｜ 小川一真アルバム ｜ 明治中期 ｜

製茶

茶摘み風景 ｜ ボードインコレクション ｜ 明治初年 ｜

茶の筵袋詰め風景 ｜ 幕末 ｜

輸出用のお茶の筵袋詰め風景。袋には「極上之宇治製銘茶」と記されている。壁には
「浩唱」の掛け軸。家族労働とみられる。

くつろぎの茶

お茶と煙草でくつろぐ女性たち
| フェリックス・ベアト撮影 | 1865年頃上野撮影局で撮影 |

お茶入れ場面 | ボードインコレクション | フェリックス・ベアト撮影 1864年頃 |

接客の茶 ｜ 明治中期 ｜

お座敷で帯を垂らし、左膝を立てた女性が右手に団扇を持って横向きに座っている。女性の前には煙草盆と煙管、急須と湯呑のお盆、大皿の載ったお盆が置かれている。床の間には掛軸がかかり、その前に和風の飾り棚が置かれている。

お点前 ｜ 明治中期 ｜

流派は分からないが、点前という、茶を立てるシーンである。廊下で茶を立てているが、光を調整する演出撮影のためと思われる。

お茶の時間 ｜ 玉村康三郎アルバム ｜ 明治中期 ｜

桃割れに結った髪姿の着飾った子どもたちが絵本を眺めているところで、茶を入れてもらっている様子。背後の襖には桜が描かれており季節を表す。

縁側のくつろぎ ｜ 明治中期 ｜

庭に面した縁側で4人の女性がくつろぐ。縁側には湯呑が載ったお盆や煙草盆が見える。

｜ 茶店

茶店の娘 ｜ スチルフリードアルバム ｜ フェリックス・ベアト撮影 1864年頃 ｜

茶の行商 │ 鹿島清兵衛アルバム │ 明治中期 │

左の女性は路傍で、火吹竹により火をおこし釜で湯を沸かしている。右の女性は左手に急須、
右手に湯呑をのせた丸盆を持ち、湯が沸くのを待っている。左端には水桶と茶籠が見える。

茶店 │ マンスフェルトアルバム │ 明治初期 │

"抹茶革命" 成る

日本茶クリエーター　前田　拓

日本茶の歴史をたどると、
どの時代のお茶もその源流は長崎につながる。
日本への到来、抹茶、煎茶、世界への輸出……
そして 21 世紀、「抹茶革命」も長崎を源流として
世界へ爆発的に広がっている。

Matcha
Revolution
Achieved

ライフワークは「抹茶革命の達成」

　すでに抹茶革命は成ったと私は思っているんです。もう私の役目は終わたかなと。なぜなら、私が 40 年間取り組んできたことは、21 世型日本茶の新たな価値をクリエイトして世界へ提案、促進し、20 世紀に価値を失って著しく衰退へ向かっていた日本茶を “Revitalize”（活力再生）させることでした。密かに革命の狼煙を上げて以来 40 年を経て、抹茶革命は成されました。これからの革命後ニューレジーム（新体制）作りと更なる世界展開は、すでに動き始めている次世代に委ね、彼らが今後どのように拡大発展していくのかを楽しみに期待したいと思っています。

96 歳で亡くなった父へ

　1983 年、トップセールスマンとして社会人生活を謳歌していた私が会社を辞めて長崎へ戻り、父にアメリカでのお茶事業計画を語った時、父は今までの安定を捨てた私に落胆し、荒野へ進む蛮行に呆れ、「人の舌（味覚）を変えるには三世代かかると言う。お前の代では成功は見られない。掘っても水の出ない井戸を掘るようなものだ。思い留まれ。」と諭しましたが、私は「水が出るまでアメリカで井戸を掘り続ける！」と啖呵を切った、28 歳の熱い若い頃でした。その後、私の決心が固いのを見て、父はもう何も言わず、それからずっと協力し、遠路アメリカに何度も来てくれ、欧州へも同行してくれました。その父から私は子供の頃「拓という名前は開拓の拓。名は体を表す。次男の拓は自分で拓け！と言われて育ちましたから、「自分で道を拓くんだ！」という思いが人生の行動規範として心底に培ってたようです。柔軟な発想ながらも時に厳しいコメントも交えて晩年まで私の事業を温かく見守ってくれた父、米国の店舗開店やオフィス移転、工場完成時にも毎回「応援に」と駆け付けた母、かつてを思い出すたびに両親への感謝の念を感じています。

1989 年 父とヨーロッパ各地を視察
オランダアムステルダム名所「跳ね橋」にて

1992 年 ニューヨークマンハッタンを望むハドソン川対岸から
日本茶小売専門店「前田園 3 号店」開店に母が応援渡米

ミッションインポッシブル
発端は、留学と卒論「無茶」

　1980 年テキサス州の田舎に留学し、翌年 1 月その大学の冬休み、ふと思い立ってお茶のことを考え、「日本茶の多国籍化に関する私的考察」というレポートにしました。帰国後の卒論制作時、テーマをあれこれ考えた結果、留学先でのそのレポートと米国生活実体験をベースに発展させようと決め、マーケティング論の「プロダクト・ライフサイクル」つまり商品寿命（導入期・成長期・成熟期・衰退期）戦略を日本茶にあてはめてみたのでした。それは、商品の現状の寿命期ステージを見極めて、そのステージに合う成長と発展の最適マーケティング戦略を図るという理論だてのため、お茶のプロダクト・ライフサイクル・ステージをその歴史から考察し、現状ステージを客観的に認識したうえで日本茶の最適マーケティング戦略を検討したのです。

　その過程で、お茶、食に関する多岐にわたる本を読み込みました。『茶の文化史』（村井康彦、初版 1979）、『茶の世界史』（角山栄、初版 1980）などは特に興味深い内容でした。例えば、オランダ東インド会社が長崎からお茶を輸出し、17 世紀にはオランダの宮廷で日本的な喫茶が流行していたとか、「te（テ）」、「cha（チャ）」は中国の福建語、広東語のお茶の発音で、そのお茶が海路と陸路で言葉とともに世界中に伝播したとか、大航海時代、お茶は船員の健康維持を守るため航海に必要とされた、ニューヨークは当初オランダ人入植の頃はニューアムステルダムと呼ばれていた、などを知りました。アメリカへ渡った当時のお茶は、長崎出島から輸出されオランダ経由での輸入では？ アメリカ独立戦争の引き金となったボストン茶会事件のお茶はどこから？ などとお茶が世界の歴史に大きく関わっていて、たどれば長崎に行きつくとも知り、驚きとともにさらに興味がわき、気持ちが高ぶったことを記憶しています。

　また、1980 年代までの日本人の食生活の変遷なども学んでいくうちに、「無茶」という奇妙な卒論の題名も思い浮かび、結果として、その「無茶」なミッションに人生を賭けてやることになったのでした。

　その卒論の概略を簡単に言うと、20 世紀、日本茶は衰退したが、日本国内での 21 世紀型のお茶の提案などは、奥深い歴史、文化、習慣の壁のため、受け入れてもらうことは非常に困難。むしろ、アメリカでアメリカ人のライフスタイルに合う 21 世紀型のお茶を考案し、それを日本に「黒船」的に逆輸入することで、日本の伝統の壁を破り、日本で、世界で 、お茶の延命と再生を戦略にすべき、という無茶なものでした。

ボストン茶会事件ミュージアムの外観

BOSTON
TEA PARTY

ボストン茶会事件ミュージアム
売店で購入したお茶

RYOMA
SAKAMOTO

長崎港を望む風頭山に立つ坂本竜馬像。山を下る中腹には竜馬が創設した亀山社中（海援隊の前身）記念館がある。

閑話休題　「竜馬脱藩」　前田拓 脱国？

　留学、大学卒業、就職、脱サラとなり、渡米は 1862 年坂本龍馬が脱藩した時と同じく 28 歳 3 月 26 日にちなんで日本を "脱国 " しようと決め、「21世紀日本茶革命達成」という不退転のミッションを決意して単身渡米しました。その年は奇しくも、日本人によるお茶の初商業輸出を成し遂げた大浦お慶さん没後 100 年にあたり、運命的な何かを感じながら、お慶さんに自分を重ね、お茶の歴史に自分を置いて、晴れ晴れと日本を飛び出したことを記憶しています。

　坂本龍馬の名言「世の人は我を何とも言わば言え、我が成す事は我のみぞ知る」を心に秘め、この世に生を受けたからには自分にしかできない事を成す、との志を抱いての渡米でした。

渡米前に読んだ3冊の本

　日本での渡米準備当時、本屋で目に留まったキッコーマン茂木友三郎氏の本、ベニハナ創業者（故人）ロッキー青木氏の本、そしてヤオハン和田和夫氏の本を海外起業の参考として興味深く読みました。渡米起業後の1986年、有難いご縁もあり、結果として米国での日系最大食品スーパーマーケット「ヤオハン」と取引開始、1987年には「ベニハナ」全店と取引開始、同年さらにキッコーマン100％子会社で米国最大級の日系食品卸「JFC インターナショナル」とも取引開始となり、アメリカでのお茶販売事業は安定化し、業績も飛躍的に伸びることができました。奇跡のようなご縁の数々があり、その後も長くお世話になったその恩人の方々には深く感謝しています。

1989年　海外初　日本茶専門小売店の開店

　28歳で渡米した創業早々は、まさに行商でした。当初は、アメリカ人を対象に試飲デモンストレーションやイベントを何度もしましたが、なかなか大変でした。そこで、お茶の既存消費者である日本レストランやお寿司屋さんに行商し、日系スーパーへも飛び込みセールスを行いました。1980年代後半当時は、ヤオハンがアメリカに出店を加速していて、日本からの新鮮なお茶の試飲販売は大変喜ばれ、ヤオハン全店に前田園お茶コーナーができ、その勢いで1989年にはヤオハン店内に海外初の日本茶専門小売店をロサンゼルスで開店、1992年に2号店、ニューヨーク郊外に3号店も開店となり、まずは新鮮な本物の日本茶をアメリカの消費者に直接味わってもらい、ブランド認知を高めていきました。

コスタメサ1号店

かつてヤオハン内にあった前田園小売店

トーランス2号店

ニューヨーク 3号店

ROCKY
AOKI

1987 年フロリダ州スチュワートにてベニハナ創業者社長ロッキー青木氏と初面談

「紅花」のロッキー青木さんとの出会い

　1980 年代アメリカの日本レストランでは、有名なロッキー青木さん（故人）がオーナーのユニークな鉄板焼きスタイル「紅花（ベニハナ）」が全米最大手として繁盛していて、60 〜 70 店舗ほどだったでしょうか。まず地元テキサス州のヒューストン店に飛び込みセールスを行い、思いがけぬ有難いご支援もいただき、1987 年フロリダのお店でロッキーさんに初面談。店内厨房も見学でき、お茶を来店客に出す際の問題点等もスタッフから実地にヒヤリングしたうえでベニハナ専用のお茶を開発し、全米で採用されました。ロッキーさんとは晩年まで個人的にもお付き合いさせていただき、非常にユニークで心豊かな大先輩でした。抹茶アイスクリームもまずは全米のベニハナでメニューとして採用してもらい、アメリカ人が主要顧客の大型レストランでしたから、ベニハナで "Matcha アイスクリーム" を初体験したアメリカ人は相当多いはずです。結果として、"Matcha" のアメリカ浸透にベニハナでの "Matcha アイスクリーム" は大きな貢献だったと思っています。

MATCHA
ICE CREAM

1993 年以来、前田園抹茶アイスクリーム
として長年大好評を続け、諸外国へも輸出
している人気商品シリーズ

89

「抹茶革命」への一歩　ダラスからロスへ

　「抹茶革命」は時系列で言うと、1993 年の抹茶アイスクリーム発売が、大きなエポックメイキングだったと思っています。1980 年から 1 年間のアメリカテキサスでの留学時にホームステイしたアメリカ人家族が、再渡米を熱烈に歓迎してくれていて、アメリカ人にお茶を知ってもらうため、アメリカのヘソといわれる大陸のど真ん中のテキサス州で創業しましたが、カウボーイがお茶を飲んだら誰でも飲んでくれるだろうと意気込んだものの、カウボーイはなかなか飲んではくれなかったですね。アメリカは広く、カリフォルニアやニューヨークなどとも異なるテキサスでの実体験が、アメリカ的発想への転換になり、アメリカ人の嗜好性、価値観などをお茶の試行錯誤で見極めた結果、抹茶アイスクリームや抹茶ラテを独自に考案できたと思っています。

　ダラスで創業した 1984 年から 5 年間、留学時代のアメリカ人家族に役員になってもらって会社化した後、89 年カリフォルニア州ロサンゼルスに会社移転しました。事業展開上とはいえ、愛着のある大好きなテキサスからの移転は辛いことでしたが、結果としては、そのカリフォルニア州が、全米でもダントツのミルク生産量を誇る酪農州だったため、ミルクが主原料のアイスクリーム製造工場も多く、抹茶アイスクリームの製造において、最も有利な立地だったことは、偶然ながら大きなプラスでした。

 from TEXAS to CALIFORNIA

テキサス州旗　　　　　　　　　　　　　　　　　　　　　　　カリフォルニア州旗

テキサス留学時ホームステイし、会社創業時には役員も引き受けてくれた
恩人家族をラスベガスに招待、ハマーのストレッチリムジンでお迎え

父、母と呼ぶ SHIPP 夫妻（故人）と兄妹同然のボビーとブレンダ、
妻と息子も一緒にディナー 2009 年

NOBU

Nobuyuki Matsuhisa

世界で最も有名な日本人シェフ松久信幸氏

世界のNOBUさん 松久信幸氏

　米国でのお茶の販売は、日本食ブームにも助けられました。1980 年全米
TV で「将軍」（リチャード・チェンバレン、三船敏郎共演）というシリー
ズ物の番組が放映され、将軍展が全米大都市で開かれて将軍ブームが起こ
り、それにつれて日本食ブームも到来、今でもその名残で全米に
「SHOGUN」という名前の日本料理店が多くあります。

　アメリカ人に SUSHI が食されるようになったきっかけは、1980 年以前
のカリフォルニア・ロール（カリフォルニア巻き）だったのかもしれません。
生魚の代わりにアボカドを巻いたものでしたから、生魚が苦手なアメリカ
人も "SUSHI" として食べはじめ、米国内のお寿司屋さん方の工夫と努力に
より、次第に生魚も食べるようになって "SUSHI" が世界に広がっていきま
した。

その最大の功労者は、SUSHI をさらに世界的な高級料理に高めた松久信幸氏です。「寿司レストラン MATSUHISA」と「NOBU」を世界中に展開し、長いご愛顧をいただいています。“NOBU さん”は、東京で修行後 1970 年代に南米に渡り、ペルー、アルゼンチンで日本の調味料以外の現地調味料も取り入れながら、外国人にも好まれる生魚の味わいを独自に創作されました。NOBU さんの料理は日本食に新風を吹かせ、その後は世界中の多くの日本料理店も取り入れてポピュラーになり、非常に高い評価を得ています。今では世界約 30 都市に「NOBU」「MATSUHISA」の大型レストランや「NOBU HOTEL」を有し、その数は 80 にも及ぶ（2022 年現在）屈指の規模で現在も拡大中です。SUSHI が世界にこれほど広がり、しかも、世界中の誰もが食したいと望むあこがれの料理になることができたのは、NOBU さんの功績が大きく、令和 4 年度「文化庁長官表彰」もされました。

　重要なポイントは、世界における寿司ブーム、抹茶ブームも、日本からの発信ではない海外、米国カリフォルニア発であり、そのブームが日本にも逆輸入となり、寿司や抹茶の幅を広め、深め、高めているということ。日本酒などでも同様の現象のようです。

　“食”には王道も邪道もなく、時代のニーズをつかんで工夫されたものが人気となり、普及し、新たな文化にもなって定着していくものではないでしょうか。だから、その時代のニーズへのマッチングを創作するクリエイティビティ―。それを継続努力し、時代にしっかり適応させていったものが生き残り、あらたな時代の文化をカタチ創っていくものだと感じています。

ビバリーヒルズのラシェネガ通りにある「Matsuhisa」外観

Sushi Restaurant Matsuhisa

「 Matsuhisa 」店内

"MATCHA" 世界波及の原点は 1993 年
Maeda-en 抹茶アイスクリーム

　1984 年の渡米創業以来、私がずっと取り組んできたことは、21 世紀のライフスタイルにマッチするお茶とは何だ？　どうすればアメリカの食生活でお茶を利用してもらえるか？　ということでした。茶道文化は世界に知られ高く評価されていても一般にはハードルが高く、アメリカ人の日常生活に根ざすお茶として消費を促すことは難しい。そこで、じっくり考えてみると、これまでのお茶は「文化として飲むお茶」と「美味しい味覚として飲むお茶」でしたから、そのハードルを下げるため、「ヘルシーなお茶」、「カッコイイお茶」という切り口を考えたわけです。どうヘルシーなのか、どうカッコよく見せるか、この二つをアピールする商品を創ることが世界でお茶が広がる決め手になる、その最適なお茶は色彩的、味覚的、そして利用バリエーションの観点からも「抹茶」しかないと確信したのです。実に留学時代 1981 年 1 月のレポートにも「抹茶が最適」と書いていて、やっぱりそこにたどり着きました。では、抹茶をどうするか！？ここから具体的な抹茶アイスクリーム開発へのチャレンジが始まり、10 年ほどを経て、1993 年の商品化にようやくこぎつけたのでした。

　その後の話になりますが、1999 年、抹茶アイスクリームをお餅で包んだ「抹茶もちアイスクリーム」を考案製造発売、2009 年頃には米国以外でも抹茶アイスクリームやもちアイスクリーム製造販売の要望が出てきたため、イギリス、フランス、ドイツ、カナダ、オーストラリアへ抹茶アイスクリーム製造候補先を探しに多くの工場を訪問した結果、2011 年、オーストラリア産 "Maeda-en Matcha Ice Cream" として製造販売開始、今では全豪で販売されています。それらのアクションが他社への刺激となり、その後、世界中において抹茶アイスクリームや抹茶もちアイスクリームは製造販売されはじめ、ハーゲンダッツ社も当社が日本輸出開始翌年の 1996 年、日本で製造販売を開始して好感を得、その後アメリカでも販売を始めました。ちなみに現在では、北米はじめ中南米、欧州、豪州、アジア、中東、アフリカ等の約 40 カ国において Maeda-en ブランド "Green Tea"、"Matcha" 商品を販売いただいており、自社他社含め世界中で "MATCHA" が広がっています。

日米非関税障壁撤廃

　1995 年頃までだったように記憶していますが、それまでは伝統的に日本から輸出されるすべての緑茶は、農水省による品質検査が毎回行われ、検査官が国内製造工場へ出向いて全種商品検体をランダムに抜き取って検査場へ送り、合格した商品のみが輸出できるという規則になっていました。

1996年（平成8年）8月3日（土曜日）　　　　　　（日刊）

日本経済新聞

【第三種郵便物認可】

前田園など

米で和風アイス

加州に工場、日本へも輸出

日本茶製造業、前田園USA（米カリフォルニア州、前田拓社長）とキッコーマンの現地法人で食品卸売業のJFCインターナショナル（同、榎戸宣之社長）は共同出資で抹茶アイスクリームなど和風アイス製造の新会社を米国カリフォルニア州に設立、新工場＝写真＝を完成した。同社によると、日系企業が米国でアイ

スを直接生産するのは初めてという。月内にも生産を始め日米で販売し、来春以降アジア、欧州にも輸出するという。

新会社はLA／IC（米カリフォルニア州アーバイン市、前田拓社長）。新工場の生産能力は月間約四十万㍑で、投資額は約百五十万㌦。初年度は月間十三万㍑を生産し、年間売上高百

万㌦が目標。

前田園USA・は日本茶製造・販売業、前田園（長崎市、前田茂社長）の現地法人。日本から輸入した抹茶を、米国の業者に委託してアイスに加工、九三年から米国の日

系スーパーなどに販売してきた。日本企業が海外でアイスを直接生産する例は珍しいという。

世界の新たなフィンガーフード（指でつまんで食べれる）フローズンデザートとして認識され市場も広がっているもちアイスクリーム。1999年から前田園シリーズとして米国はじめ他諸国へも輸出され大好評。

さらに、アメリカ輸入時にも FDA（アメリカ食品医薬品局）による同様の検査があり、合格までは "FDA Hold" として留め置き、合格判定まで販売不可でした。輸出時と輸入時に厳しい検査があって「不合格」の場合もあったため、日本茶輸出には時間とコストとリスクもかかるということで、輸出業者には敬遠されがちでした。米国で販売する以前の問題として、その大きな障壁に阻まれることも度々でしたが、不退転の意思であきらめず、独自輸出を試行錯誤しながら検査パスが毎回できるようになりました。

　1995 年頃だったので、いわゆるウルグアイラウンド農業交渉の成果だったのかもしれませんが、上記の日米両国規制が撤廃された結果、2000 年前後には多くの国内茶業者が続々と米国進出し、米国への日本茶輸出は活況を呈し始めたのでした。結果、競争も激化したのも事実でしたが、米国の消費者にとっては、新鮮で安価な様々な日本茶を選択して楽しめるようになり、これも抹茶革命への一歩となったようです。

抹茶ラテ、世界へ ── 「抹茶革命」成る

　抹茶ラテの発案は、子供の頃から美味しく飲んでいた抹茶が、なぜ手軽にどこででも飲めないのかという思いからでした。その前段として 1988 年頃、シアトル出張時に初めてスターバックスに行きました。当時までのアメリカのコーヒーと言えば、ドーナツ店などで 1 ドル出せば飲み放題（Refill Free）、焦げ臭すらあるようなタダ同然の存在。それが、日本の喫茶店カウンターで香るドリップコーヒーを思い起こさせるコーヒーを提供し、アメリカ人が列をなしてタダ同然だったコーヒーに 3 ドルも払うのには驚きました。その後、スターバックスが全米展開していくのを見ながら、アメリカ人の味覚が肥えて嗜好性が高まっていることを、コーヒーだけでなく、ワイン、イタリアン、SUSHI などからも実感し、次はお茶、"MATCHA だ！"と考えはじめていたところ、その時が突然やってきたのです。1998 年頃、アメリカ、アジア、欧州にも出店していたヤオハン全店が順次閉店となり、米国ヤオハン店内に 1989 年以来 3 店舗あった Maeda-en 日本茶小売専門店も退店へ。その 3 店舗閉店の危機に直面した時、事業にブレーキをかけるのでなく、思いっきりアクセルを吹かしたのでした。すでにその頃には Maeda-en ブランド認知とアメリカ人のお茶への嗜好性の実地アンテナ店的な役割は終わっていて、スターバックスにも刺激され、"スタバの日本茶版"、コーヒーの対局となるカラダに優しい日本茶の飲めるカフェを思索していたからでした。「ならば、よし！」と、旧店舗閉店から 5 か月後の 1999 年、"Green Tea Terrace" という世界初の MATCHA カフェをカリフォルニアにオープンしたのです。その MATCHA カフェの前提として、茶道経験者でなくとも誰でも抹茶をカッコよく点てられる製法も考案し、その特許も申請しました。お茶自体に価値を与えたかったので、上品な茶器もお菓子も付

けず、ちょっとシャレた"紙コップ"で"MATCHAラテ"をスタバのコーヒーと同じ価格帯でメニューとして提案したところ、大人気に。様々なメディアにも取り上げられ、日本からも大手お茶メーカー代表者含め何人も店舗視察に来たほどでした。2001年、ロサンゼルスの有名大学UCLAそばにそのMATCHAカフェを出店すると、現地米系TVも取り上げ、さらに店舗視察者も増える一方でした。日本での反応が早かったのはスターバックス、2002年から抹茶フラペチーノを発売開始。日本に抹茶カフェが出はじめたのもその頃からでした。抹茶アイスクリームにおけるハーゲンダッツ同様の役割は、抹茶ラテではスターバックスでした。日本での成功が呼び水となり、2006年には米国スターバックスが抹茶ラテを発売、これらの成功が大きなインパクトとなり、一挙に"MATCHA"は世界に広がっていきました。

1999

MATCHA CAFE
THE GREEN TEA TERRACE

世界初のMATCHAカフェ・オープン！

日本でも日経トレンディ誌にて紹介された。

2001 ロサンゼルスUCLA校そばに出店。メディアでも取り上げられ話題に。

2002

世界初の抹茶カフェ
Green Tea Terrace UCLA店
が2002年世界店舗デザイン賞
受賞！

ニューヨークでの授与式後に設計者と
祝う。この受賞により、抹茶カフェが
さらに脚光を浴び、お茶の伝統と共存
するこのコンテンポラリーな店舗デザ
インが、抹茶カフェの将来を方向付け
るスタイルとなった。

秀吉の「北野大茶湯 <small>(きたのおおちゃのゆ)</small>」21世紀版って？

　ハーゲンダッツとスターバックスは、私にとっては「北野大茶湯」（1587年）
で庶民も参加してお茶を広めるきっかけをつくった豊臣秀吉の役割に似て
いるかもしれません。北野大茶湯とは、400年以上前、豊臣秀吉が催した
大茶会。千利休が茶頭となって北野天満宮とその周辺を会場とし、千以上
もの茶席を設けて身分を問わず茶碗ひとつで誰でも参加できる前代未聞の
茶会だったと言われ、お茶が日本に広がるきっかけのひとつであったのか
もしれないと思うわけです。それと同様に21世紀は、ハーゲンダッツや
スタバのおかげで MATCHA は爆発的に世界へ広がり、結果として、私の
40年来のミッションインポッシブル「抹茶革命」は達成されたのですから。
1990年代、誰がこれほど抹茶が世界へ広がると思っていたでしょうか！？
そのパイオニアだったことに日本茶クリエイターとして喜びを感じていま
す。私のやってきたことは、千年以上の歴史を持つ日本茶の21世紀での存
続をかけた〝革命〟へのチャレンジでした。いわば日本茶のゲームチェン
ジ、カルチャーチェンジのきっかけとなったのではと思っています。

ゼロを10にする人　10を1,000にする人

　「北野大茶湯」の催しは10を1,000にする力のある人による目立つ企画
ですが、さしずめ私はゼロを5か10に、の人なのでしょう。それも持って
生まれた運命かもしれませんから、ひたすらゼロを5に6に7にと努めて
きました。
　そのはじまりは1980年代、「屋」がつく商売（お茶屋、酒屋など）の「屋」
を無くしてビジネス化を図った企業が生き残れると聞きました。そこで、「よ
し、お茶屋を "Green Tea Business" に業態変革させよう！」とも考え、
抹茶革命というミッションを秘めて、夢のある新たな茶業に取り組んでい
ました。そんな着想だったため、ゼロから抹茶アイスクリームや抹茶ラテ
を生むことができたのかもしれません。
　今なら、抹茶アイスクリームも抹茶ラテも普通にあります。誰だって考
えつくことでしょうが、"コロンブスの卵"、それまで誰も世界に提案してこ
なかったし、「アメリカ人に抹茶アイスクリーム食べてもらおう！そこから
お茶を広げよう！」と思って世界へトライした人は、それまでいませんで
した。お茶＝常温食品を茶業では通常取扱っているわけですが、冷凍食品
のなかで最も温度帯が低く取扱いが難しいアイスクリーム製造販売をはじ
めたため、様々な困難に直面しました。

その後のアイスクリーム製造工場建設時は、さらに困難な経験を何度も
しました。その次の抹茶ラテ（1999年）も構想からメニュー開発、製法考案、
店舗運営等、この時もまた試練の数々でしたが、ネバーギブアップ。併せて、
留学時代のアメリカ人家庭での生活体験からアメリカ人的感覚を持てたこ
とは、大きな助けになりました。もし日本にいて日本人の感性のままでの
チャレンジだったら、実現は難しかったでしょう。おかげで今では、米国
再入国時に入国審査官に「職業は？」と聞かれ、"Green Tea Business" と
言うと "Oh, Cool ！" と笑顔で 言ってくれます。"Cool ！" だからか？
"Green Tea Business" は南アフリカ・ヨハネスブルクでも「Matcha」を
メインに販売するお店を見つけ、"Ceremonial Matcha"（茶道用高級抹茶
を意味する英語での抹茶のグレード）ランクを現地人の販売員が "Cool"
に自信をもって説明販売するのを見て、抹茶革命をさらに実感したした次
第でした。

南アフリカ共和国ヨハネスブルグでも "MATCHA" が人気！

SOUTH AFRICA Johannesburg

New Style

Traditional Style

伝統的な茶道で使用の竹製茶筅（ちゃせん）は世界での
マニュアル化は困難と判断し、エスプレッソ機スティー
マーにより抹茶（パウダー）と水を攪拌しながら温めて
抹茶ラテをつくることを発案。

"MATCHA" を Cool にたてる製法

　1999 年に抹茶ラテを考案したとき、私は、その飲み方だけでなく、作り
方も考案し製法特許を申請しました。通常、抹茶をたてるには、竹製の茶
筅（ちゃせん）を使います。しかし、カフェで茶筅をつかって茶道のように
たてることは、日本ならまだしも、海外でチェーン展開した場合、マニュ
アル化も経済的（竹製の茶筅は弱くて折れやすく、価格も高い）にも困難。
折れた竹先の一部がドリンクに混ざり、口にでも入ったら大変、ビジネス
リスクになると懸念したのです。1990 年以前からスタバを観察し、コーヒー
に入れるミルクをフォーミングするのに、エスプレッソコーヒーメーカー
付属のノズルで湯気を立てながらやっているのを見て、抹茶に利用できな
いかと思っていたのです。抹茶碗と茶筅でたてるところを、ステンレスの
器に抹茶を入れ、水を注いだ後、そのノズルから噴射される蒸気で抹茶と
水を攪拌し、蒸気で加熱しながら泡立てる方法を独自に考案しました。こ
れなら、カフェで一般的に使用する機械で抹茶を手早く、Cool に（カッコ

よく）たてることができ、ミルクやその他を一緒にミックスもでき、世界中でのマニュアル化が可能になると考え、製法特許申請を書き上げ、申請しました。しかし、特許申請中でも、誰でも勝手に真似るんです。指摘してもいたちごっこ。そこであらためて考え直してみました。私がアメリカに来たのはお茶を、抹茶を、広めて、日本はじめ世界中にお茶を飲んでもらうため、ならば「よし、開放しよう！」と、特許申請を取り下げました。この製法は、抹茶の本来のたて方が分かっているからこそ、マニュアル化とビジネスリスクを認識し、その克服を工夫してクリエイトできたことが、MATCHA カフェの世界への広がりに貢献できたのでしょう。

　だから私は、ノズルで素早く機械的にお抹茶をたてることで「そんなんじゃないぜ、お茶って」、「お茶は静かな畳の間で、こうやって楽しむもの」という常識派に一石を投じて対極を創ることで、かえって茶道の作法で淹れるお茶の良さがあらためてクローズアップさせる意図も込めました。

禅の言葉「烈古破今」の心境できた 40 年

　禅語に「裂古破今」という言葉があり、ずっと心に置いています。それは、《 古（いにしえ）を裂き、今（いま）を破る 》と読み、古いものに囚われず、今に向き合い、本当の良いものを選ぶ力をつけていくことが大切、との意味のようですが、僕はこの強烈な四文字から無限のパワーをもらい、まさに 40 年間この思いで、古くからの日本文化、日本茶をぶち壊す意気込みでした。茶業の家に生まれ育ち、日本や中国の茶の歴史を学び、茶道も煎茶道もかじり、それらの良さも認識し経験した上で、日本茶が 21 世紀も生き残るためにぶち壊すのだと自分に言い聞かせてきました。旧来の幅の狭い日本茶から、世界の多様なライフスタイルを受けとめられる幅広いお茶、世界中のあらゆる場面で使えるお茶にしたい、という思いでしたので、「抹茶革命成る」の今、嬉しい気持ちでいっぱいです。

　父が 40 年前、「人の舌（味覚）を変えるには三世代かかる。」と言ったことを思い出します。まさに長い食文化の歴史においては至言だったわけですが、考えも及ばなかった SNS 等高度な日常的情報化の乗数的発達と急速な世界的モビリティー化のおかげで、時代は格段に早まり、そして多くの方々の有難いサポートにより、40 年という一世代の時間のなかで「抹茶革命成る」を迎えられました。日本茶は 400 年周期第 4 期として革新しており、私のミッションは完結できたと思っています。

これからは、次世代の日本茶クリエイターたちが、今後 400 年以上も日本茶が世界で愛され続けるよう、さらに新たな取り組みを地道に続けるのを見守り、楽しみにしていきたいと思っています。

第 2 部

論考

茶の世界史・長崎から

Part 2 | Discourses "World History of Tea from Nagasaki"

序 「抹茶」の世界史

姫野順一（長崎外国語大学学長）

　健康ブームを背景として「抹茶革命」ともいえるような新しい抹茶の世界進出が続いている。このように抹茶が世界に広がる背景には、中国を起源とするお茶が地球のリズムに合わせて海を渡り、長崎をハブとして世界に広がった歴史があった。

1．茶の伝来

　茶の原産地は、中国西南部の雲貴高原を中心とする山岳地帯とされている。地球がまだ暖かかった漢の時代の 3 世紀ごろまでに、山岳伝いに擂（摺茶）はヤオ族によりタイ族自治州の六茶山にもたらされた。またヤオ族やシェ族といった山岳民族の移動により、広東省と福建省に連なる武夷山や浙江省に広がり、北は湖北省から湖南省西部、四川省東部の山岳地帯に広がった。漢代に茶史『僮約』が書かれているが、北方の漢族が入手したお茶は山岳民族が製茶したものであったと推測されている。

　4 世紀以降の寒冷化の時代、北方民族が南下して五胡十六国時代から南北朝時代を迎え、胡と呼ばれた民族が中原に入り混じり、城塞都市と村落の二種の集落が発達し、強制労働が発生する。この時代に南朝では江南の開発が進んだが、茶はやはり山岳からもたらされる商品であった。当時お茶は「茗」と呼ばれていた。

　温暖化に向かう唐宋代は、律令体制ができて安定し、人々の移動が活発になった。エネルギーとしての森林資源が枯渇したため、石炭の利用が始まる。また低湿地の水田化が進み、人口が増大する。これを受けて喫茶の慣習は全土に拡がった。唐代のお茶の製法、産地、喫茶法、茶の精神を著した名著は、湖北天門出身の陸羽が書いた『茶経』（761 年）であった。

　『茶経』における製茶法は、生葉を天日で炒って乾燥させた餅茶（平たく固めた茶）であった。また喫茶法は、餅茶を炙り、薬研で挽き、篩にかけて茶末と分けて、茶葉を湯で煮出し、塩と茶末を加え、湯と茶の表面に浮く華を合わせて茶碗で客に供するものであった。これは茶碗の中に自然の光景を映し出すものであった。中国の茶および茶書を遍歴した陳舜臣は、陸羽の茶の精神を、書家顔真卿を引き継ぐ「倹徳」の理想と評価している。

　地球の温暖期、人々の移動は日本も例外ではなかった。唐から学んで律令国家が生まれ、遣唐使は喫茶の習慣に触れる。奈良時代に日本に茶種をもたらしたのはこの入唐・派遣僧たちであり、最澄・空海・永忠・円爾（聖一国師）の名が知られている。また当時の正倉院文書（734 年）には「荼」の記載もある。これは「ニガナ」の解釈もあるが、最近の研究は茶と解されているようである。長崎で最澄が出港地として利用したのは平戸田ノ浦港であり、空海は五島三井楽であった。

　9 世紀の初め、入唐・派遣僧が持ち帰ったお茶は天皇の喫茶に献上され、茶の実が内裏の茶

『茶経』八之出に掲出された中国唐代の茶の産地　布目潮渢『茶経』講談社学術文庫より

園に植えられた。植え付けが近江坂本に命じられた記録があるが、製茶に成功した記録はない。輸入された茶は、高級茶が蒸製の餅茶であった。これは団茶とも呼ばれた固形茶で、固めた茶葉を砕いて湯茶にする喫茶法であった。

　宋代には浙江や広西が名茶の産地であった。茶は葉茶（散茶）に改良され、また点茶（粉茶）が登場して、茶筅を使う茶の湯の原型が生まれている。宋代には軍馬の需要が多く、山西、陝西、甘粛、四川の国境地帯で吐蕃、回紇、党頂、蔵族などの西方民族の馬と漢族の茶が交易された。お茶の文化は民族を媒介して西方と北方に広がる。この圏内で茶は、北京語と広東語の発音から、「チャ」または「チャイ」の呼称の文化として普及した。

　13 世紀 14 世紀に台頭したモンゴル帝国は温暖化による湿潤地域の乾燥化による騎馬軍団の容易な移動を背景としていた。モンゴルに茶馬貿易で伝わったお茶は、家畜に頼る遠距離運搬が可能な黒茶の固形茶だったが、モンゴルではこれを砕いて乳に混ぜる乳茶が喫茶の習慣となる。

　広東省から福建省の北部に連なる武夷山脈に住むシェ（畲：焼畑の意）族は茶を自然乾燥（萎凋）させた半発酵（酸化）状態のウーロン茶を作っていた。これがシェ族の東進と共に福建省東部から浙江省に拡がり、17 世紀には緑茶 Green Tea とともにブラックティー Black Tea としてヨーロッパに輸出された。イギリスに届いたブラックティーはイギリス人の嗜好に合うように改良され、インドのアッサム地方に茶栽培が広がった。紅茶の誕生である。

２．栄西が日本に伝えた喫茶法：長崎平戸から

　日本に喫茶法をもたらしたのは、13 世紀末の宋代に中国で仏教を修行した明菴栄西であった。禅臨済宗の開祖となる栄西が学んだ宋代には、温暖化を背景に経済が発展し、政治が多元化し、安定のなかで朱子学や仏教などの文化が栄えた。栄西は 2 回目の入宋で、浙江省の天台山万年寺や天童山景徳寺で 4 年間を過ごし、これらの禅寺で茶の喫茶法を習得した。万年寺で僧の最高位に就いた後栄西は、1192（建久 3）年 4 月、茶の種子と菩提樹を携えて、宋人楊三綱の商船で帰国した。場所は長崎平戸の葦ケ浦であった。

冨春園の石碑

冨春園茶畑

栄西は地元の有力者戸部侍郎清貫と協力してここにお堂を建てて、中国で眺めていた杭州湾にそそぐ冨春江にちなみ冨春庵と名づけた。さらにここに茶の種子を撒き、冨春園と名づけた。この地にはその茶畑が残されている。

栄西は平戸の地（現千光禅寺）で日本最初の禅宗の規矩を定めた。

千光禅師（栄西）座禅石

千光禅寺

　栄西は1年後に筑前今津の請願寺に移り、唐泊の東林寺、今津の寿福寺、千光寺の禅寺を建立し、福岡背振山の霊仙寺に茶の種を植えた。ここは「日本最初の茶樹栽培地」とされているが、実は、栄西による茶の最初の栽培地は平戸であった。1195（建久6）年、栄西は最初の禅堂道場となる博多聖福寺を建立し、ここにも茶が植えられた記録がある。その後栄西は京都の建仁寺と鎌倉の寿福寺で幕府や朝廷の庇護を受けて禅宗を広め、喫茶も京都の寺院に拡がる。1202（建仁2）年、栄西は華厳経の中興の祖となる京都栂尾高山寺の明恵上人に茶の種子を譲り、これは栂尾に植えられた。明恵上人には「茶の十徳」の叙述がある。
　「茶は末代養生の仙薬、人倫延齢の妙術なり」、これはわが国茶祖とされる栄西の茶書『喫茶養生記』（1211年）の書き出しである。栄西は、この本のなかで茶の名称、樹形、効能、摘葉時期と方法、調整法を記した。栄西は中国の古書から茶の効能を書き抜いている。お茶は「酒を醒し、人をして眠らざらしむ」（『廣雅』）、「人をして悦志有らしむ」（『神農食経』）、「服せば即ち瘻瘡なきなり。小便を利し、睡を小にし、座湯（疾渇）を去り、宿食を消す」（『本草』）、「身を軽く、骨の苦しきことを換（のぞ）く」（『新録』）。説かれているのは、禅の修行に役立つ養生（健康）法と病気に対する薬効である。巻下では「茶を喫（くら）ふ法」として、「飯を食い、酒を飲むの次でに、必ず茶を喫へば食を消す・・・天等に供する時、茶を献ず。茶を供せざれば、即ち其の法成就せざるなり」と述べ、禅の修行における効能に加えて、儀式（茶礼）における茶供を喫茶の法としている。栄西が宿酔に悩む源実朝にお茶一杯献じて二日酔いを醒ましたことが、『吾妻鑑』に記されている。茶経は将軍実朝に献上された。このとき栄西が伝えた中国宋代のお茶は、蒸炒り茶の煎茶と点茶の茶末（抹茶）であった。

3．大航海時代とお茶の道：平戸からオランダそしてイギリスへ

　地球は 16 世紀から 18 世紀にかけて再度小氷河期と呼ばれる寒冷化に向かう。この時期高原の湿地化によりシルクロードは衰退し、インド航路はムスリム商人の海上貿易活動に導かれ、大航海時代が始まった。シナ海（China Sea）に交易を求めて最初にやってきたヨーロッパ人はポルトガル人であった。ポルトガル人が広東に渡来し、飲物として茶を知ったのは 1517（永正 14）年とされている（陶秉珍「栽茶と製茶」『農業叢書』中国国書発行公司 1951 年）。ヨーロッパ人が知った中国の緑茶は釜炒り茶であった。

　ポルトガルの宣教師ルイス・フロイスやアルメイダ、ロドリゲスは 1560 年代から 80 年代にかけて、日本人の喫茶の風習や茶の湯をヨーロッパに紹介している。

　漢民族の明王朝が成立し、華夷秩序を維持し海上貿易を禁止（海禁）し、貨幣と商業を排除する。明朝が目指した現物主義経済の財政経済システムの綻びとして、蘇州・松江を中心とする「江南デルタ」で綿花・生糸の生産が増大し、抹茶や煎茶の製法と栽培が普及する。

　角山栄教授は、明が鎖国している間の長崎平戸の茶貿易の先駆に言及している。名著『茶の世界史』（中公新書 1980 年）は、1609（慶長 13）年のオランダ東インド会社の船によるヨーロッパへの茶輸入が、ヨーロッパ人が茶を

角山　栄著

茶の世界史

緑茶の文化と紅茶の社会

改版

中公新書
596

知った始まりであり、それは日本の緑茶であったと推測している。

　しかし荘晩芳他著・松崎芳郎訳『中国茶読本：飲茶漫話』（静岡県茶業会議所 ,1986 年）によると、それより 2 年前にマカオから中国茶がヨーロッパに渡っていた。いずれにしても、このころからオランダ船によりヨーロッパにお茶が輸出され始めている。1637 年には茶がオランダ東インド会社の輸入する定期的な品目となり、大量の日本茶が海を渡った、1650 年には 300Kg の日本茶の輸入の記録がある。中国が鎖国を解禁する 1685 年に中国茶が加わり、オランダ船の茶の輸入量は約 9 トンまでにはね上がる。これは 1734 年には 402 トンとなり、会社の取引品目で第一位を占めるようになる。その中心は中国茶であり、日本からの輸出茶は茶葉の高級品とされた。これらはフランスやイギリス、ドイツに再輸出され、ヨーロッパで貴族を中心に喫茶の慣習が広がることになる。

　平戸に駐在したイギリス東インド会社の代理人 R.L. ウィッカムは、1615 年にイギリス人として初めて本国に「茶 cha」の情報を報告している。イギリス人の船長ウエイトが中国から直接イギリスに茶を伝えたのは 1637 年で、同じ年イギリス東インド会社は広州から約 50 トンの茶を積んだ記録がある。同じ年にイギリスは廈門に商務機構を設立し、茶の取り扱いを始めた。廈門人は茶を "Te" と発音していたので、以後英語で茶は「ティー」（Tea）と呼ばれることになる。会社が本格的に茶の輸入を開始したのは 1646 年で、茶がロンドンで初めて新聞に掲載されるのは 1658 年。オランダ東インド会社に代りイギリス東インド会社がイギリス市場に茶を販売し始めたのは 1657 〜 68 年の頃であった。イギリスの喫茶の習慣は、1662 年にチャールズ 2 世に嫁いできたポルトガルの王妃ブラガンザのキャサリンが中国趣味で喫茶の習慣をもたらしてからだと言われている。その後イギリス人は緑茶や紅茶に砂糖とミルクを入れて飲む作法を開発し、やがて中国およびインドの発酵茶にミルクと砂糖を入れる庶民の紅茶文化が花開く。角山教授はこの普及の原因として紅茶にはビタミン C が含有されてないので、壊血病の解決ではなく、イギリスがコーヒーおよびチョコレートの世界競争に負けた結果であり、砂糖とミルクに結び付く労働者階級の需要というイギリスの経済的文化的な要因を指摘している。これに対し緑茶はビタミン C を含有し、遠洋航海の船員が恐れた壊血病を予防するものであった。そして中国伝来の緑茶は最初平戸を経由して本格的にヨーロッパに伝わったのである。

４．隠元禅師と売茶翁の煎茶法

　江戸時代初期の長崎では、近江小室藩主で大名茶人の小堀遠州と交友があった長崎代官の 2 代目末次平蔵茂貞が、茶の湯を嗜んでいたことが知られている（本書 141 ページ参照）。また平戸では大和小泉藩の第 2 代藩主で茶人片桐石州に学んだ、第 4 代藩主松浦鎮信の武家茶道鎮信流が伝わっている（本書 175 ページ参照）。これらは抹茶の茶の湯の流れである。

　1654（承応 3）年、長崎興福寺 3 代目住持の逸然禅師（1601-1668 年）等の求めに応じて長崎の興福寺に来訪した日本黄檗宗の開祖隠元隆琦禅師（1592~1673）は、福建省から唐茶の釜炒煎茶を長崎にもたらした。

　これは宇治の万福寺で隠元の 3 代目孫弟子、月海元昭（1675-1763）により煎茶道として昇華される。煎茶道は茶葉を鉄釜で炒り、茶罐に入れ、熱湯を注いでから飲む中国明代の「釜

隠元禅師像（宇治：黄檗山万福寺蔵）

江戸時代の東明山興福寺

売茶翁売茶翁像　若冲筆　個人蔵

炒り茶」と呼ばれる唐茶であった。この製茶法は長崎など各地の製茶園に今も受け継がれている。

　この黄檗茶の影響を受けたのは、佐賀蓮池に生まれた柴山元昭（売茶翁・高遊外 1675 〜63）であった。11 歳から龍津寺の化霖禅師に禅を学び、13 歳で師と京都の万福寺を訪れ、14 歳（1688 年）のときに長崎を訪問し、黄檗僧から中国の「武夷茶」を振る舞われた。「予童僧タリシ時、師ニ侍メ 長崎ニ至ル。唐僧其公接待 甚厚シ。武夷茶ヲススムル次デ。話武夷山ニ及ブ。山川秀簾ニシテ、茶樹繁茂スト。其説 甚詳ナリ」（売茶翁「梅山種茶譜略」天保 9年）。元昭と唐製煎茶との出会いである。1732 年に京に上り、1736 年に東山に通仙亭を開き、茶道具を担いで大通りに禅問答の茶店を設け、清貧の行を求め「正邪は事績ではなく心にある」として世捨て人となり、売茶翁として売茶の生活に入った。

　売茶翁は 70 歳で佐賀に帰郷して還俗し、高游外（こうゆうがい）と名乗る。81 歳で愛用の茶道具を焼却して無我となり、87 歳で逝去。この庶民茶のなかに茶禅一味の精神を求めた売茶翁は、煎茶の中興の祖とされている。

　京都では、1738（元文 3 年）に、永谷宗円（義弘）が、日本式煎茶として殺青（発酵を止めて香味を出す手法）のために新芽の茶葉をセイロで蒸して、焙炉（ほいろ）で手揉み乾燥させる青製煎茶製法を考案した。これが日本における不発酵系の釜炒り蒸茶の起源とされている。被覆（ひふく）栽培の炒り蒸茶は、古い中国の茶と違うのだが、古い呼称と同じく「碾茶（玉緑茶）」と呼ばれた。庶民の宇治茶は「煎茶」と「番茶」であった。蒸すことで茶葉の発酵を止める殺青法は古くから中国で始まっていたが、現在中国ではほぼ消滅し、江戸時代に日本に伝わった唐茶は釜炒り茶であった。日本に伝わった唐茶の製法が、日本で蒸の工程

七十一番職人歌合絵巻（江戸時代／1846年、法印養信・法眼雅信：模写、東京国立博物館本）　出典：研究情報アーカイブズ

吉村新兵衛の墓（白石町）

が復活されて日本特有の製茶法となっていったわけである。実はこの日本における「釜炒り蒸茶」の起源は嬉野茶まで遡る。宗円に先立つこと約120年の1657（明暦3）年、嬉野不動山皿屋谷の吉村新兵衛（1603~57）は、竪据え付け唐釜（約45度）による「炒り蒸し技法」（殺青法）を考案していたという。

　嬉野にはすでに室町時代の1440（永享12）年、唐船で平戸にやってきた唐人が皿屋谷で陶器を焼き、このとき茶を栽培し、唐製の南京釜で炒茶を飲んでいたと言われる。また明の正徳年間（1506~21）、明人紅令民が嬉野の不動で南京釜により唐製茶を炒り、これが嬉野茶の元祖とされている。嬉野茶の茶祖とされる吉村新兵衛は、佐賀白石の大庄屋で、彼杵松浦の警備を命じられて不動山皿屋谷に移住し、落度により切腹を命じられたが藩主鍋島勝茂の計らいでこれを免れたのを機に、茶樹を栽培し製茶を始めた。新兵衛は釜炒り蒸茶の製法を完成させて、息子の森右衛門とその弟藤十郎は嬉野の茶業を拡大した。藤十郎は茶商「松寿軒」の商標として版木や茶銘の木印をつくり、嬉野茶の販路を拡大した。1760（宝暦10）年には、出島から嬉野茶が輸出された記録がある。ちなみに売茶翁の父柴山李之進（常名）は蓮池藩の医師として領国の嬉野の塩田に赴任して活躍し、墓はこの地に残る。

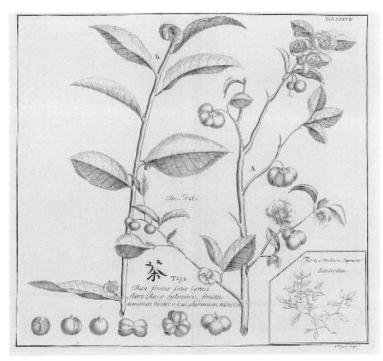

ケンペル『日本誌』 茶の木

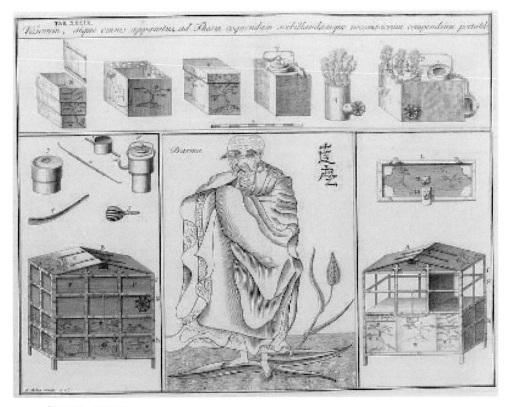

ケンペル『日本誌』 茶道具櫃

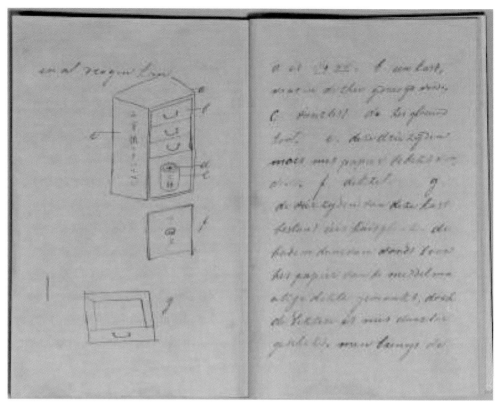

高野長英蘭論文「茶の産地と宇治における茶の製法、茶樹の栽培」

シーボルト『日本』　茶器の図

5．ケンペルとシーボルト

　出島の商館医ケンペルは、『廻国奇観』（1712）と『日本誌』（1727）に「日本の茶の話」を掲載し、茶の名称、茶木の生態、栽培法、茶摘時期、製茶法、茶の種別、茶壺、喫茶法、茶の効能、茶道具をヨーロッパに紹介した。1691（元禄４）年に江戸参府で嬉野を通りかかったケンペルは、茶摘みが終わって茶畑の裸の茶樹を記録している。またケンペルは茶の木と茶道具入れの図を『日本誌』で紹介している。ここに達磨の図を掲載しているのは、茶の伝播が禅の修行に関わっていたことを理解していたからと思われる。

　ケンペルはこの持ち運びに供する茶道具を「喫茶と焙煎に必要な容器の便利な一覧と道具」（Vasorum, atque omnis apparatus, ad Theam coquendam sobillandamque necessariorum compendium pertatile）と解説している。これは野外で茶を淹れる可動式の茶道具入れである。箱にはヤカン、水指・茶碗・茶筅などの茶道具一式を搭載した。

　またシーボルトは、1826（文政９）年の江戸参府日記に「嬉野の茶栽培は優れた緑茶を出すので日本国で名高い」と記している。シーボルトの『日本』における緑茶の情報は、高野長英が提出したオランダ語論文「茶の産地と宇治における茶の製法、茶樹の栽培」に依拠していた。

　江戸時代における嬉野茶の生産拡大は、幕末開港期の海外需要に呼応して大量な輸出茶に結び付く。これを手掛けたのは長崎油屋町の茶商大浦慶であった。

6．大浦慶の茶輸出事業

　大浦慶の茶輸出の時期については、女性でありながら長崎港から始めて大量の茶輸出を実現した先覚者として報奨金をもらうために、明治16（1883）年９月１日に長崎区長から長崎県令石田英吉宛に提出された上申書「長崎港製茶輸出経歴概略」が、手掛かりを与えている。大浦慶は開港時に長崎を訪問した蘭商テキストルに茶の見本上中下３斤宛、合計９斤（約5.4キログラム）をわたし、これを見た英商オルトからの注文で各地から茶を集荷し、アメリカに向けて１万斤（約６トン）の輸出に成功したという内容である。ここで上申書は、１斤は160目なのに250目と多めに誤って換算している。またここに記載されている英商オルトの来崎の時期（安政４年）は、最近の研究によりイギリス側資料に照らして上申書と食い違う。（本書116ページ参照）。また慶が茶の見本を渡したとされるテキストルの来崎の時期（嘉永６年）も、オランダ側資料に照らすと辻褄が合わない。この上申書の内容を再吟味してみよう。

　この上申書は「勧業課農務係事務簿製茶之部茶業組合一件　明治十七年従四月到十二月」と記された分厚い冊子の県庁文書のなかに綴じられている。

長崎県勧業課農務係事務簿

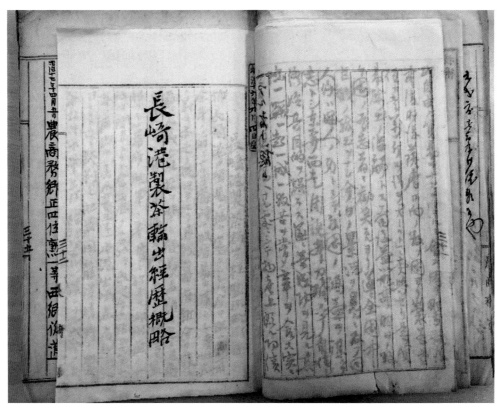

長崎港製茶輸出経歴概略タイトル

　この上申書の前後には関係書類も綴じられていて、慶の褒章に至る経過を確認できる。

　まずこの上申書は、慶の長崎港における最初の茶輸出の証拠となる必要があったことを確認しておきたい。慶がこのとき病気がちあったことも考慮が必要である。慶は褒賞の知らせが届く前の明治17年4月13日に亡くなっている。この上申書をつぶさに検討してみると、上申書は慶の自筆ではないようである。

　この上申書は「この段製茶輸出の、経歴上申仕候也長崎縣長崎区油屋町壱番戸　平民大浦慶　明治十六年九月一日」と記した後、同じ手の筆者が「長崎縣令石田英吉殿　前書之通届出候間進達仕候也　明治十六年九月一日　長崎区長朝永東九郎」と書き継いでいる。この原稿用紙は長崎縣の公用箋である。つまりこの上申者は、慶が書いたものではなく、慶から提出されたか聞き取った内容を、褒賞の証拠となるように長崎区長の朝永が書いている。史実に関する食い違いも目に付く。上申書のテキストルの来崎を「三十一年前即チ（嘉永六癸丑年）」（1856年）と書いているが、オランダの歴史家ムースハルトが調べたオランダ側資料によれば、テキストル初来崎は1842（天保13）年、第2回目は1857（安政4）年である。またオルトの来日を「其後三十五か月間を閲シ英商 "オルト" 該品見本を携へ　始メテ本港に来り直ニ巨額の注文をヲナセリ」と記しているが、すぐ後に長崎縣が浄書した政府への上申書では「其後一年餘を経て英商 "オールト" ‥来る」と食い違う。オルトの来崎および商館の創設は近年ギリス側資料によれば、1859（安政6）年である。また上申書はオルトの来崎時に「此

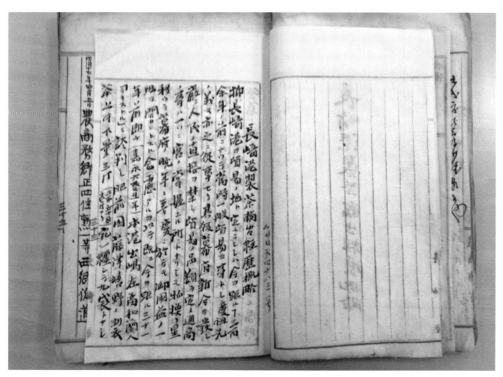

長崎港製茶輸出経歴概略①

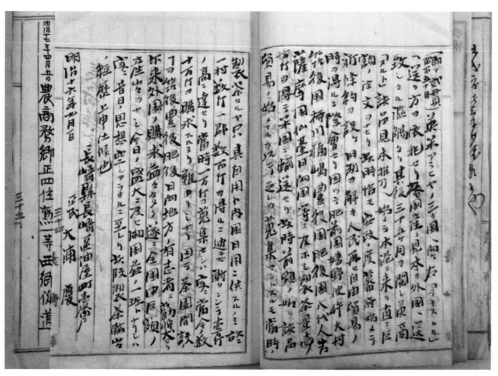

長崎港製茶輸出経歴概略②

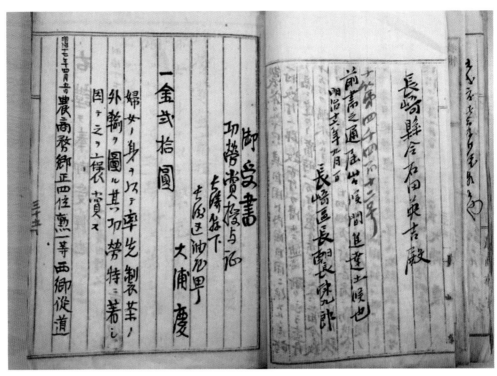

長崎港製茶輸出経歴概略③及び大浦重治の受取書

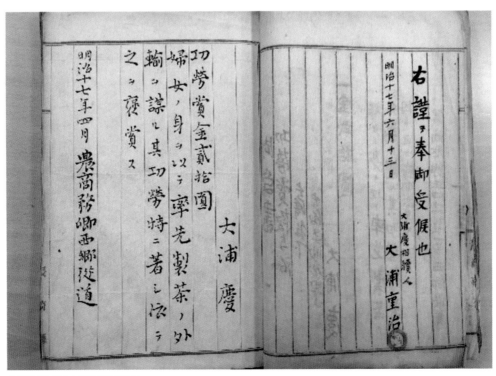

大浦慶功労賞決定記録（西郷従道）

時恰モ安政ノ度幕府始めて新条約を設け旧制を解き人民再ヒ自由貿易の時ヲ得ルニ再会セリ」と記述している。この自由貿易を認めた新条約は、1858（安政5）年の五カ国修好通商条約を指すと読める。以上を総合すれば、テキストルに茶の見本を提供したのは1858年頃であり、オルトから茶の注文を受けたのはその翌年の1859年ではないかと思われる。上申書は茶輸出の「濫觴」を証拠立てるために、慶の証言に基づきながらも、輸出開始の時期を脚色したようにも思われる。しかしこれは、大浦慶が長崎港から茶を大量に輸出し始めた先覚者であるという功績を貶めるものではない。この食い違う資料の整合性については、なお新資料の発掘が望まれる。

7．長崎外国人居留地の製茶場

　産業革命を経た欧米は、自然の風に乗って遠洋を航海する帆船に代わって、地球を自在に経巡る蒸気船という工業技術による人為的な交通手段を手に入れた。ヒト、モノ、カネ、情報がグローバルに移動する時代の到来であり、これは化石燃料を大量に用いる地球温暖化の

製茶場　Henry Grible, The Preparation of Japan Tea,1883

再製茶釜　Henry Grible, Ibid.,1883

始まりでもあった。

　開国した日本の窓口、長崎の外国人居留地にやってきた外国商人は、嗜好品として茶を求める欧米の人々や、遠洋航海での壊血病を予防するためビタミンＣを含む茶を求める船舶からの需要で、茶が有利な輸出品とわかると茶輸出の準備を始めた。彼らは中国から「釜炒り」技術を持つ職人を連れてきて、居留地内に次々と製茶場を設けた。製茶場では嬉野を始め、築後、豊後、肥後、日向から、現地で蒸して殺青（発酵止め）した荒茶が集荷され、居留地内の製茶場の釜で炒られ（再製され）、製品として箱詰けされて欧米に輸出された。イギリス人のグラバーやリンガー、ポルトガル人のローレイロ、アメリカ人のヘリヤやモルトビー、ウォルシュの各商会は、競って長崎近郊や周辺の他国から労働者を雇い入れ、輸出用釜炒り茶の製造に取り組んだ。

　慶応3（1867）年の段階で長崎港は日本の輸出総額の14％を占めていたが、茶はそのトップの20％を占め、長崎の緑茶は世界に向けて輸出された。ヘリヤ商会やヘンリー・グリブル商会はやがて静岡に移転し、長崎の釜炒り茶の技術は静岡や横浜の製茶技術の基礎を築くことになる。長崎からのお茶輸出は明治期に衰退する。

長崎居留場全圖　慶應2（1866）年　立正大学図書館田中啓爾文庫所蔵

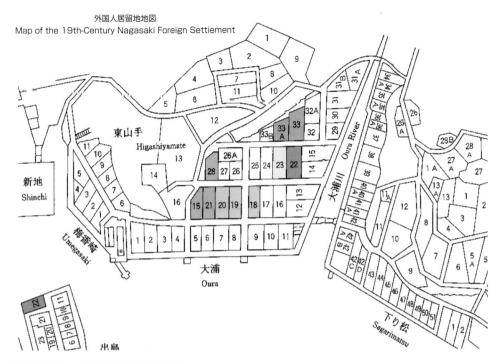

外国人居留地地図
Map of the 19th-Century Nagasaki Foreign Settiement

東山手
Higashiyamate

新地
Shinchi

梅香崎
Umegasaki

大浦
Oura

出島

大浦川
Oura River

下り松
Sagarimatsu

幕末明治初期における大浦居留地の製茶場

■緑色（グラバー商会）
　　東山手 15 番　　1870 年までグラバー商会
　　大浦 21 番　　1861 年 7 月グラバー商会⇒ネザランド通商会社⇒オルト⇒ヘリア商会
　　大浦 28 番　　1866 年 12 月〜1870 年　グラバー商会

■水色（オルト商会）
　　大浦 18 番　　1862 年 8 月〜 1877 年　オルト商会
　　大浦 19 番　　〜 1872 年までオルト商会
　　大浦 20 番　　1863 年 12 月〜 1888 年　オルト商会（ハント商会）

■桃色（レインボウ商会）
　　大浦 33 番　　1862 年 7 月ローレイロ商会⇒デント商会＝レインボウ商会⇒リンガー商会
　　大浦 33A 番　　1863 年 7 月レインボウ商会⇒グリブル商会

　草色（モルトビー商会）
　　大浦 23 番　　1877 年 2 月〜79 年　モルトビー商会、その後　J.C. ケグ

　黄色（ウォルシュ商会）
　　大浦 26A 番　　1864 年 9 月〜 1874 年　ウォルシュ商会

■茶色（中国商社）
　　大浦 22 番　　1870〜1882 年　中国商店　その後マルトビー商会

■紫色（クニフラー商会）
　　出島 22 番　　1865 年 1 月〜 1887 年　クニフラー商会　その後出島教会

大浦居留地における茶の箱詰め風景　上野彦馬　明治7(1874)年頃　長崎大学附属図書館蔵

　近代になってお茶は世界商品としてグローバルに普及したが、今その伸びは鈍化している。日本では、コメの食習慣に付随していたお茶の文化が、食事の洋風化、多様化のなかで衰退し、新たな需要に応えることが望まれている。「茶の力」は依然として潜在力を秘めている。もともとお茶はその潜在力を秘めながら各地の文化に溶け込んで普及し拡大してきた。いま21世紀の第一四半世紀にあって、健康な生活に潤いをもたらす抹茶の文化は、SDGsを見据えて世界各地にグローバルな「革命」を呼び起こしているのである。

参考文献

大口尚子他編 (2018)『楽：長崎のお茶：伝統の、その先へ』糸屋悦子 / イーズワークス Vol.41

嬉野町史執筆委員会 (1979)『嬉野町史』嬉野町

NPO 法人日本茶インストラクター協会企画・編集 (2008)『日本茶のすべてがわかる本』農文協

人石貞男 (1978)『日本茶業発達史』農文協

大森正司他編 (2017)『茶の事典』朝倉書店

岡本隆司 (2018)『世界史序説―アジア史から一望する』ちくま新書

岡本隆司 (2019)『世界史とつなげて学ぶ中国全史』東洋経済

鎌倉同人会 (1979)『鎌倉・寿福寺本：喫茶養生記』かまくら春秋社

角山栄 (1980)『茶の世界史』中公新書

栗倉大輔 (2017)『日本茶の近代史』蒼天社出版

シーボルト (1975)『日本』講談社

陳舜民 (1992)『茶の話』朝日文庫

トム・スタンデージ・新井崇嗣訳 (2017)『歴史を変えた 6 つの飲物』楽工社

布目潮渢 (2012)『茶経：全訳注』講談社学術文庫

ビアトリス・ホーネガー・平田紀之訳 (2020)『茶の世界史』白水社

姫野順一 (2009)『龍馬が見た長崎』朝日選書

姫野順一 (2014)『古写真に見る幕末明治の長崎』明石書店

不動史跡調査会 (1933)『嬉野吉田郷土史別冊：不動郷土史』

本馬恭子 (1990)『大浦慶女伝ノート』

松崎芳郎編著 (2012)『[年表] 茶の世界史』八坂書房

松下智 (1978)『日本茶の伝来』淡交社

松下智 (2002)『緑茶の世界』雄山閣

水城満理世・宮崎克則 (2014)「ケンペル『日本誌』にある「茶」の伝説―達磨との関リ―」『西南学院大学国際文化論集』第 28 巻第 2 号

水田丞 (2017)『幕末明治初期の洋式産業施設とグラバー商会』九州大学出版会

村井康彦 (1979)『茶の文化史』岩波新書

矢野仁一 (1930)「茶の歴史に就いて」『史的研究』史学研究会　冨山房

Grible, Henry (1883) ' The preparation of Japan Tea'. Transaction of the Asiatic Society of Japan, Vol.XII. PART I.

Kaempferia, Engelbert (1727), *The history of Japan*, Vol. 2, London(『日本誌』英語版初版)

Moeshart, Harman J. (2010) *A list of Names of Foreigners in Japan in Bakumatsu and early Meiji (1850-1900)*, Batavian Lion International, Amsterdam

長崎港に停泊する復元帆船「観光丸」

Ⅰ 世界の中の日本の緑茶とオランダ東インド会社

島田竜登（東京大学大学院人文社会系研究科准教授）

　オランダ東インド会社は史上初のグローバル・カンパニーともいえる存在である。1602 年に設立され、約 2 世紀にわたって活躍した。アジア各地に商館を設置し、オランダ本国とアジアとの間の貿易を行ったほかに、アジア各地に置かれた商館網を通じたアジア域内貿易にも従事していた。会社の構成員には、オランダ人ばかりでなく、ドイツ人やスウェーデン人などのヨーロッパ人もいたし、船員などとして活躍する中国人やインド出身のイスラーム教徒といったアジア人もいた。今の感覚でいえば、総合商社と海運会社を兼ね備えた巨大グローバル企業であった。

　オランダ東インド会社が取り扱った商品は非常に幅広い。アジアからヨーロッパにもたらした商品としては、胡椒をはじめとした香辛料、インドネシアのジャワ島で生産された砂糖やコーヒー、インド産の綿織物といったものがあった。くわえて、アジアの商館網を通じたアジア域内貿易では、日本の金銀銅が長崎からインドに向けて輸出されていた。

　歴史的にみると、オランダ東インド会社の重要性は、なにもビジネスのみに限られるわけではなかった。このグローバル・カンパニーは、異文化接触をもたらす媒介組織でもあった。たとえば、オランダ東インド会社の職員たちは、アジア各地の商品情報を入手することに躍起となっていた。どのような商品がこれから売れそうだというビジネスに直結する情報もあれば、将来、多大な利益が見込める重要な商品となりそうなものがどのように生産され、消費されているかなどといった比較的長期的視点に立った調査も行った。さらに、会社は医師を雇っており、彼らのなかには自然科学の知識を用いてアジア各地の物産の科学的研究をおこなうものもいた。

　このようにオランダ東インド会社が取り扱った商品として日本茶がある。1609 年、オランダ東インド会社は平戸に拠点を開いた。初めて日本にオランダ船が来航したのは 1600 年であるが、これはまだオランダ東インド会社が設立される以前のことである。オランダ東インド会社が正式に商館を日本に開設したのは 1609 年のことであった。その翌年にはオランダ東インド会社は日本茶の輸出を開始した。もっとも、長期的な視点からすると、オランダ東インド会社が日本茶を輸出したのはこの 17 世紀の初めに限られていたし、しかも、その取扱量は少なかった。

　たしかに数量的にみると、オランダ東インド会社が取り扱った茶の大部分は中国茶であった。17 世紀にはオランダ東インド会社による中国大陸との直接の貿易はうまくいかなかった。ポルトガルが支配するマカオで中国茶を入手したり、あるいは台湾に拠点を設けたりと様々な試みを行った。しかし、根本的にオランダ東インド会社の中国茶貿易とは、オランダ東インド会社がアジアで最大の拠点を置いていたバタヴィア（現在のジャカルタ）で、中国福建

の厦門から来航する中国ジャンク船商人がもたらす茶を購入し、それを本国に送るというものであった。しかし1730年代以降、オランダが中国の広州での貿易（いわゆる広東貿易）を開始すると、オランダへ送る中国茶の取扱量は飛躍的に高まった。

　一方、イギリス東インド会社も中国大陸で、茶を直接、購入するのは当初は困難だった。そのため、バンテンで中国人商人から購入していた。バンテンはバタヴィアと同じくジャワ島にあるが、当時はバンテン王国の首都であり、17世紀にはオランダの妨害をあまり気にせず、中国茶を購入することができたのであった。1717年からは毎年、広州で直接、購入するようになり、多量の茶を中国からイギリスに持ち帰った。ちなみに、あまりにも茶輸出が多量であったことが、のちの歴史を変えることになる。イギリスは中国で茶を輸出するために銀を持ち込んでいたが、その銀での支払いを節約するために、インド産のアヘンを中国に持ち込むようになった。これが最終的に19世紀のアヘン戦争に行きつくのであった。

　さて、17世紀のヨーロッパでは、オランダがアジアからの茶の主要輸入国であった。オランダからヨーロッパ各地に再輸出されたほか、イギリス東インド会社のように直接、アジアから茶を買い付けて自国に輸入するようにもなった。ティーの文化というとイギリスをイメージしがちだが、何もイギリスに限ったことではなかった。ヨーロッパにおける茶の需要は、17世紀にはすでに高まりつつあった。コーヒーより刺激が小さいので女性にも好まれたという。オランダやイギリスをはじめ、西ヨーロッパ各地に茶の飲料の習慣が広がっていった。

　ヨーロッパに緑茶がなかったかというと、そうでもない。というよりも、アジアから輸出される茶の一部は緑茶であった。もっとも緑茶といえども、17世紀中葉以降は中国で生産された茶であった。

　一方、文化的な視点からすると、日本の茶に対するヨーロッパ人の関心は高かった。ケンペルの名で知られるエンゲルベルト・ケンプファー（1651～1716年）は、オランダ東インド会社に雇われたドイツ人医師であった。日本には1690年から1692年にかけて滞在した。日本滞在中、商館長の江戸参府に従って、二度、江戸へ旅行したが、その日記には佐賀の嬉野で見た茶や京都の宇治で栽培されていた茶についての記述も残している。かくしてケンペルの日本での見聞は、彼の死後に整理され『日本誌』として出版された。この『日本誌』では、補論の一章を日本茶に関する考察に費やしている。茶はヨーロッパ人にとって大変、関心の深い商品であったし、当時、さかんに中国らヨーロッパへ茶の移植が試されていたからでもあった。

　さて、この茶に関する章を紐解いてみると、植物学的特徴、栽培方法、製品の種類、製法、飲茶法、薬用効果、茶道具などについて、ケンペルは実にその詳細を記している。例えば、茶の製品の種類については、挽茶（碾茶）、唐茶、番茶について述べている。まず筆頭に述べるのが挽茶であるが、これは高級茶である抹茶のことである。次いで、日本で最も一般的な緑茶である「唐茶」について触れる。これは当時、中国からヨーロッパに輸出されるのとほぼ同じタイプの緑茶であったという。そして最後に、庶民用の番茶についてである。

　これら3つの種類の茶はいずれも緑茶であったが、ケンペルは、日本の様々な人々が日常的に緑茶を楽しんでおり、緑茶が人々の生活に密接し、文化を形成していたことを発見した。

抹茶をたしなむのは上流社会のものであり、ケンペルは将軍献上用の緑茶についても言及している。他方、一般庶民にも緑茶が日々、愛用され、江戸への旅行の際には、どこでも一般の人々が緑茶を飲用するのが見られたという。また、日本人はどのような集まりでも緑茶はなくてはならぬ飲料と考えており、物見遊山の際に持参する茶道具の一式についても詳しく記した。つまり、日本は上から下まで緑茶の文化が成立していたことを見抜いていたのである。こうした記述はケンペルの卓見にほかならない。

　一方、中国からヨーロッパへ輸出される茶は、18世紀を通じて次第に緑茶から紅茶へと変化していった。結果として緑茶は日本を代表する茶ということになった。幕末開国後、緑茶はおもに米国に輸出され、生糸に次ぐ日本の主力輸出品となった。また、日本独自の抹茶は、緑茶の高級品として、まさしく日本テイストを伝える茶として現在は世界的に知られている。

参考文献

エンゲルバルト・ケンペル（今井正編訳）『[新版]改訂・増補 日本誌—日本の歴史と紀行—』霞ヶ関出版、2001年
ケンペル（斎藤信訳）『江戸参府旅行日記』平凡社、1977年
島田竜登「史上初のグローバル・カンパニーとしてのオランダ東インド会社」羽田正編『グローバル・ヒストリーの可能性』山川出版社、2017年
角山栄『茶の世界史』中央公論社、1980年
松崎芳郎編『年表 茶の世界史』八坂書房、2007年
矢沢利彦『グリーン・ティーとブラック・ティー』汲古書院、1997年
K.N. Chaudhuri, The Trading World of Asia and the English East India Company, 1660-1760, Cambridge: Cambridge University Press, 1978
Liu Yong, The Dutch East India Company's Tea Trade with China, 1757-1781, Leiden: Brill, 2007
William H. Ukers, All about Tea, 2 vols, New York: The Tea and Coffee Trade Journal Company, 1935

かつて外国との交易の窓口であった長崎の港

文書が語るシーボルトの日本茶輸出

宮坂正英（長崎純心大学客員教授）

　1823年（文政6）8月11日にオランダ商館付き医師として長崎に上陸したドイツ人フィリップ・フランツ・フォン・シーボルトは、西洋人による本格的な日本茶輸出の嚆矢であることはよく知られている。

　そこで、シーボルトがどのような経緯で日本茶の輸出に関わり、どのように実行にうつしたか、その一端を示す資料がヨーロッパに散在するので簡単に紹介しながら概観してみたい。

　シーボルトは日本滞在中のオランダ商館員やオランダ船の乗組員たちの健康管理をおこなう任務で日本へ赴任したが、これ以外に以前の商館医には与えられていなかった特別な任務を帯びていた。それは日本の自然とそこに暮らす人々の政治、経済、社会、文化などがどのようなものなのかを実際に観察調査し、資料を収集する任務であった。

　シーボルトがおこなった日本に関する博物学調査の具体的な内容は、シーボルトの活動報告書やシーボルトを派遣したオランダ領東インド政庁の命令書を通読してみるとある程度明らかにすることができる。（栗原福也『シーボルトの日本報告』平凡社、2009年）

　その資料の中に現われる茶樹や種子の記述をたどってみると、なぜ日本からお茶が輸出されたのかその理由がわかる。シーボルトが日本に派遣される際には、研究資金として多額の助成金や研究用機材などが支給されているが、これらは単に純粋な学術研究のために支給されたものではなかった。東インド政庁からシーボルトに送られた命令書をみると植民地経営に重要と考えられる経済的に有益な植物を日本から送る任務が与えられていたことが分かる。

　その主要な植物のひとつが茶樹であった。現存する記録ではシーボルトがお茶の輸出を開始したのは1825年（文政8）であるが、準備はそれ以前に開始されていたことは容易に推測できる。

　1827年（文政10）にバタビア中央農業委員会委員長から長崎のオランダ商館長宛てに送られた書簡を見ると、日本にはジャワで栽培すれば有益であると思われる植物が多数生育しているが、特に茶樹、ウルシ、ハゼの種子あるいは苗を大量に送るよう要請している。これらの植物はヨーロッパで需要が高い茶、漆器、ロウソクの原料であり、オランダ領東インド政庁や植民地経営に重要な役割を果たしていたバタビア中央農業委員会がこれらの植物を新たな貿易品として有望視していたことがわかる。

　特に茶樹については1827年（文政10）時点ですでに輸出が成功しており、2000から3000本の苗木が育っていると記されている。同年シーボルトから東インド政庁に提出された報告には、苗木を移植することは困難なので、種子を日本で最高品質のお茶を産する地方から取り寄せていると述べられている。シーボルトが日本で収集したお茶のサンプル25点がオランダ・ライデン国立民族博物館に今も残されているが、この中には宇治茶など九州産ではないお茶が含まれており、シーボルトが日本各地から製品や苗、種子などを集め、できるだ

フィリップ・フランツ・フォン・シーボルト

茶樹の図

け高品質の茶樹の種子をバタビア向けに輸出しようとしていたことが分かる。

　シーボルトのお茶に関する研究調査は茶樹本体に留まらず、生育に適した土壌の分析や日本茶の製法にまで及んでいる。

　まず土壌分析であるが、ドイツ在住のシーボルトの末裔フォン・ブランデンシュタイン＝ツェッペリン家に残されたシーボルト関係文書中にネース・フォン・エーゼンベックとマルクアルトがまとめた「日本の茶畑の土質に関する化学的調査」と題する文章と実験器具の図解が含まれている。クリスティアン・ゴットフリート・ダニエル・ネース・フォン・エーゼンベックはシーボルトが学生時代に薫陶を受けた植物学者で、シーボルトが来日した当時はボン大学で植物学教授として教鞭をとり、また、レオポルド学術アカデミーの総裁も務めていた。また、ルートヴィッヒ・クラモア・マルクアルトもボン在住の薬学者で、植物にも造詣の深い人物であった。

　シーボルトはこの二人に日本の茶畑で採取した土をバタビア経由で送り、分析を依頼していたことがわかる。他の資料が見つかっていないので詳しいことは不明であるが、おそらくこの分析結果はオランダ領東インド政庁およびバタビア中央農業委員会に報告され、ジャワにおける茶樹栽培に活用されたと推測される。

　シーボルトは日本における茶の製造法についても詳細な情報を収集している。その役目を担ったのは1825年（文政8）から書生としてシーボルトの博物学調査を補佐した奥羽水沢出身の医師、高野長英であった。長英の「日本における茶樹の栽培と茶の製法」（ドイツ・ルール大学ボッフム所蔵）と題したオランダ語の論文はシーボルトの調査研究の基盤となる重要なものであった。

　以上のようにシーボルトは来日直後からオランダ領東インド政府の命を受けて日本の茶樹の生態や栽培法の調査をおこない、さらにバタビアへの輸送方法を独自に開発した。これと並んで日本各地から様々なお茶のサンプルも取り寄せ、その製造法について高野長英に情報を収集させるという多角的な調査を実施している。

　シーボルトによってジャワ島にもたらされた日本茶は本格的に栽培が開始され、一時は5万本程度まで増えたといわれる。しかしながらシーボルトが日本茶の研究に没頭していたちょうど同じ時期、イギリスの植民地であるアッサム地方でヨーロッパ向けのお茶の栽培が開始され、ジャワ島からヨーロッパへのお茶の輸出計画は頓挫してしまう。ジャワ島での茶の栽培が衰退するとともに、シーボルトによる日本からの茶樹の輸出も忘れ去られていった。

Ⅱ 中国の茶の歴史と日本

野田雄史（長崎外国語大学教授）

「お茶は南方の嘉木である」

お茶の歴史を考察する文章でしばしば引かれるこの文は、『茶経』の冒頭の一文である。『茶経』は唐の時代に飲茶の実践者であった陸羽が書いた茶に関する博物書で、お茶のことを調べようと思うものがまず最初に繙く書物であり、この一文もあまりにもよく知られている。

そのためこれまで特に疑問を抱いたことはなかったが、今回この小文の執筆依頼を受け、どのように書くか思案していた時に、たまたま授業で王維の「相思」詩に触れ、何かひっかかりを覚えた。こちらも極めて有名な詩だ。五言絶句であり、次の五字で始まる。

「紅豆生南國（紅豆は南國に産する）」

改めて、そういえばどちらも南国の植物だったと思い至り、脳内に「南方の産物」というカテゴリーができると、続いて自然に「南に嘉魚がいる（『詩経』小雅「南有嘉魚」詩）」という一節が思い起こされた。こちらも「南」で、しかも「めでたい（＝嘉）」産物である。

もちろん事実としてお茶も紅豆も南方に産出するのだが、温暖な南方に憧れて南方の産物を珍重する北方人士の感覚が背後にあるように感ぜられる。

歴史上最初のお茶への言及は前漢の王褒の「僮約」という文であるとされる。これもまた、お茶の歴史を語る場合にはよく言及されるもので、蜀（今の四川省一帯）の人である王褒が奴隷契約書を書いて定めた奴隷の仕事のひとつに「お茶を買いに行く」「お茶をいれる」がある、というものである。

時代が下って三国のころ、呉の末期に、とある寵臣が下戸のため、皇帝から酒を賜るところを免除されてお茶を賜った、という逸話が『三国志』に残されている。王褒にしても、この呉での逸話にしても、いずれも長江流域のものであり、それまでの文化の中心地であった黄河流域から見ると南方であり、異郷である。北方人士は、これらの文字でのみ目にする「茶」なる飲み物に、想像をふくらませていたと思われる。

漢族の政権内部の混乱と相俟って北方民族の華北への進出が強まると、支配者階級は南方に逃れて政権を維持することとなる。北方人士は、それまで文献や伝聞でしか知らなかった南方の文化に直接触れたことであろう。ちょうどその時代の様々な人物エピソードを集めた本、『世説新語』にお茶についてのエピソードが載っている。

それは任瞻という北方貴族の話なのだが、他の北方貴族同様異民族に逐われて南方にたどり着き、はじめて建康（今の南京）に入って先に来ていた同じ北方貴族にもてなされた際に、出された酒を見て、「これは茶か茗か」と尋ねたとのことである。

出迎えた貴族はその頓珍漢な発言を聞いて、都落ちのショックで情緒がおかしくなっているようだ、と判断したのだが、もしそうであれば、「これが茶か」とか、「茶も酒と色が似ているのだな」などの発言はしても、さらに茶に一歩踏み込んだ「これは茶か茗か」との発言には至らないのではないか。

　この発言は、

１．南方では酒を飲まずに茶を飲むことを知っている。

２．茶には「茶」と「茗」の品種（？）があることを知っている。

３．でも、茶の実物は見たことがない。

という背景を想定してこそ成り立つように思う。

　いずれにしても、隋が中国を再統一するまで、二百五十年以上南方の飲茶文化の中に閉じ込められていた貴族たちは、すっかり茶の存在に馴染んだことだろう。

　隋唐により北方が回復され、全土が統一されると、南方に避難していた貴族たちも北方に戻って行くことになる。その際、南方で親しんだ飲茶を北方でも続けたか、南方産である茶が北方では手に入りにくいために茶を忘れたか、それは個人によって違っただろう。少なくとも全唐詩の初唐の部分には「茶」への言及が見当たらないので、多く行なわれた、ということはないようだ。しかし、僧侶たちはこれに親しんだのではないか。吉川幸次郎（中国文学研究者 1904 ～ 1980）は杜甫の詩を読み、そんなに多くない杜甫の茶の用例のうち二例が僧侶に関わることについて、僧侶は酒が禁じられていたため茶を飲む習慣があったか、と推察している。

　飲茶と僧侶とに親和性が高いことは、『茶経』の作者の陸羽の生い立ちが意味を持ってくる。陸羽はその伝記によれば、幼少の頃に竟陵（今の湖北省にあった郡）の寺で養育されたとある。茶の産地が近く、飲茶の習慣が以前からあり、しかもよく茶が用いられていた寺の中で育ったことは、陸羽の茶に対する基礎的な感覚を作っただろう。

　長じて寺を出た後も、陸羽は竟陵で生活をしていたが、後に湖州（今の浙江省の都市）に移り、そこで皎然や顔真卿との交わりが生まれる。とりわけ顔真卿との交わりにおいては、顔真卿の編纂した『韻海鏡源』という類書（諸書の用例を類別収拾した百科辞書のジャンル）にスタッフとして参加したらしく、その経験をもとに『茶経』の内容を充実させていったのではないか、と布目潮渢（東洋史学研究者 1919 ～ 2001）は推測している。

　茶の産地といえば、現在では緑茶は浙江の龍井、青茶は福建の武夷山、紅茶は安徽・雲南・広東などが有名である。茶葉の処理の仕方、飲み方が今とはかなり異なっていた陸羽の時代でも、『茶経』の中でどの産地の茶葉がよいのかは重要な情報として取り上げられている。今試みに、その「上等」とされている地を今の地名で拾っていくと、湖北宜昌・河南信陽・四川成都・浙江湖州・浙江紹興が挙がっている。陸羽が竟陵から湖州に移った理由は、よい茶葉を産出する土地であるからだったのかもしれない。付近では今でも碧螺春という緑茶を産出することで知られている。（なお、出身地とされる竟陵には全く言及がない）

　いずれも長江からさほど離れていないところばかりで、福建や貴州は産地が言及されていても等級の判断がなかったのは流通の問題で実際に飲んだことが少なかったからかもしれな

（写真：天下第二泉　江蘇省無錫市惠山）

い。また、黄河流域以北が言及されていないのは、やはり茶が南方の植物であるため で、実際に今でも黄河流域以北では茶葉の産地を聞かない。

　飲茶の際に茶葉とともに重要になってくるのが水のよしあしである。これについて、『茶経』の中では言及がないが、陸羽がよい水を定めた、という伝承があり、あちこちにその伝承とともに泉が保存されている。

　唐の時代は科挙の制度が確立したことで、非貴族層が中央政治に関わるようになってくるが、出世の一つのルートとして、あるいは左遷の定番コースとして、地方赴任が一般化した。顔真卿の湖州赴任も左遷であった。これはある意味、短い周期での地域文化の攪拌がなされたととらえることもできよう。長江流域でお茶に親しみ、お茶の飲み方の教科書として『茶経』を入手して北方に持ち帰ることで、都長安周辺でも徐々に飲茶文化が普遍的になっていく。恐らくそれと軌を一にして「茶」という文字も広まっていった。

　厳密に「茶」という文字がいつ成立したかは不明だが、少なくとも南北朝以前は茶のことは「荼」と書いていた。「荼」は、食べるには適さない葉を広く言う言い方で、「チャノキ」も指すが、それ以外の植物も指しえた。それが、その植物群の中で飲用好適と認められた「チャノキ」のみが新しい文字を与えられたこと、それは飲茶の風習が広まった証でもあり、また、更に飲茶の風習が広まる契機ともなった。従って、「茶」という文字の誕生こそが、中国における茶の歴史の真の始まりと言って過言ではなかろう。

参考文献

青木正児『中華茶書』（春秋社 1962）
布目潮渢『茶経全訳注』（講談社学術文庫 2012）
熊倉功夫・程啓坤編『陸羽『茶経』の研究』（宮帯出版社 2012）
新釈漢文大系『世説新語』（明治書院 1977 〜 1978）
平凡社東洋文庫『世説新語』（平凡社 2013 〜 2014）
吉川幸次郎『杜甫詩注』（岩波書店 2012 〜 2016）
吉川忠夫『顔真卿伝』（法藏館 2019）
台灣師大圖書館【寒泉】古典文獻全文檢索資料庫
http://skqs.lib.ntnu.edu.tw/dragon/
中央研究院漢籍電子文獻漢籍全文資料庫
http://hanji.sinica.edu.tw/

ペテルブルク・キャフタ・漢口——露清の茶貿易と長崎

森永貴子（立命館大学教授）

　2007 年、筆者は 5 年ぶりにモスクワを訪れ、そこで緑茶がブームになっていることを知り驚いた。ロシアはもともと紅茶文化圏で、2000-2002 年にモスクワに滞在した頃にはあまり緑茶を見かけなかった。しかしロシアで日本食ブームが定着したためか、2007 年には小売店でも多様なブランドの緑茶が販売され、カフェでも普通に見かけた。また 2015 年には京都「福寿園」がサンクト・ペテルブルクに初の日本茶専門店をオープンするなど、日本の「食」の選択肢が増えた印象がある。（残念ながら 2020 年以降の情報は筆者もネットでしか得られていない）

　本稿で取り上げる「ロシアの茶」は意外に歴史が浅く、ロシアに初めてもたらされたのは 17 世紀である。ロシア人は歴史的にどんな茶を好んできたのだろうか。この調査をしていて、「クロンシュタットの喫茶」というオンライン記事を『クロンシュタット報知』誌で見つけた。クロンシュタットはフィンランド湾の軍港島で、ペテルブルク港から約 32 キロに位置し、海軍の宿舎や施設、船旅の無事を祈るロシア正教の聖堂が建設された。1853 年、長崎に来航したプチャーチン使節団のパルラダ号もこのクロンシュタット港から出発した。使節団には後に作家となるイヴァン・ゴンチャロフ（代表作『オブローモフ』）が随行し、日露全権交渉や中国滞在の様子を『フレガート・パルラダ（フリゲート艦パルラダ号）』（1858 年。日本箇所の邦訳：高野明・島田陽訳『ゴンチャローフ日本渡航記』雄松堂出版、1969 年他）のタイトルで出版した。

　プチャーチンと日本全権・川路聖謨らが長崎で

イヴァン・ゴンチャロフ

初顔合わせした際（嘉永6年12月14日、露暦1853年12月31日）、ゴンチャロフは振る舞われた日本茶の感想を次のように記している。「食事の後で、一種の独特な香気のあるお茶が出された。見ると、底の方に釘の頭ほどの茶殻がある―茶の国ともあろうものが何というまあ野暮なことか！」高野・島田訳の『日本渡航記』では「野暮」と訳されているが、ロシア語原文では「ヴァルヴァルストヴォ（粗野、野蛮）」とあり、もっと強い表現である。埼玉大学の澤田和彦教授は、この「茶柱」へのゴンチャロフの批判は誤解であり、日本側が「吉事の兆」として故意に入れたと指摘している。一方でゴンチャロフは京都・栂尾（とがのお）産の「抹茶（または挽茶）」について、「このお茶はとびきりすばらしく、味が濃く、香気も高いが、砂糖を用いないので、私たちの口にはそれほど合わなかった。しかし私たちは、すっかりほめちぎってやった」と書いている。日本茶の飲み方はロシア側の好みではなく、逆にロシアの茶の飲み方は日本側の嗜好に合わなかったことが、両国の記録から分かる。

「クロンシュタットの喫茶」執筆者のメーリニコヴァ氏は、上記の記述と併せて『パルラダ号』に記載されている上海のペコー茶（Pekoe flower）に触れている。ゴンチャロフは花びらや香りを加えた茶（ロシア語で「チャイ・ス・ツヴェタミ」＝「花茶」。ジャスミン（茉莉）茶などを指す）に違和感を抱き、茶本来の芳香を楽しむすっきりした高級茶（ロシア語で「ツヴェトーチヌィ・チャイ」）を「良い茶」とした。さらに「ロシア人だけが茶の要領というものを知っている」とまで書いている。

ゴンチャロフの茶の嗜好はすなわち当時の「ペテルブルク上流層」の嗜好であり、彼らはモスクワから運ばれた中国の銀針白毫（はくごう）茶に慣れ親しんできた。茶葉を針のよう

キャフタの取引所の様子

に撚って製茶した白毫茶は中国、日本でも高級茶である。1728年、露清国境のキャフタが両国の自由貿易拠点になり、茶はここからロシアに細々と輸入された。初期は茶葉を圧縮して固めた磚（たん）茶がシベリアのアジア系先住民に消費された。ブリャート人（モンゴル系のシベリア先住民）は沸かした湯にバターや塩、ちぎった磚茶を入れ、スープ状にして飲んだが、これはロシア人の嗜好に合わなかった。一方1770年代にはイギリスの喫茶慣習がペテルブルク経由でロシア上層に浸透し、モスクワ商人らがキャフタ経由で白毫茶をヨーロッパ・ロシアへ運んだ。こうしてロシア人の喫茶慣習は文化的にイギリスの影響から始まって白毫茶消費中心になり、磚茶はもっぱらシベリアで消費された。

　プチャーチン使節団が派遣された19世紀半ば、ロシアでは増大した茶の輸入がモスクワ商人の利権となり、輸入窓口は陸路のキャフタしか許可されなかった。これはペテルブルクやクロンシュタットのようなバルト海沿岸地域でも同じである。しかしイギリス船が中国・広州から海路でロンドン、バルト海に運んだ広東茶はペテルブルクにも密輸されており、関税収入を求めるロシア政府の頭を悩ませた。ウラル山脈以西のヨーロッパ・ロシアはこの時期も白毫茶嗜好が強く、イギリスと同じく砂糖を入れて飲むのが一般的だった。

　日本が開国すると、ロシアは日本茶の輸入を期待したが、これはうまくいかなかった。なぜならこの時期から茶の流通とロシア人の嗜好が変化したからである。1858年にロシアがアムール地方を併合し、1860年に北京条約を締結すると、シベリア商人やモスクワ商人が清の

ミャフコフ『お茶の席』（1842、トレチャコフ美術館所蔵）

茶栽培地（湖北省・湖南省）に進出した。当時中国語を全く知らない彼らは何とか清帝国内に分け入り、茶園と製茶工場の会社を設立した。ロシア商人は漢口（現武漢市）を拠点に上海、天津経由でキャフタに茶を運ぶルートを確立した。その過程で彼らは中国語も修得し、清の市場に食い込んだ。

　1869年にスエズ運河が開通し、翌年オデッサ港経由の茶輸入が解禁されると、ロシアの茶貿易量は激増する。1870年代に漢口駐在ロシア副領事を務めたシベリア商人のパーヴェル・ポノマリョフは、現地の製茶工場を経営しつつロンドンに代理商を派遣して情報収集した。海路輸入解禁とともにロシアで義勇艦隊も創設され、茶は陸と海の両ルートから輸入された。1882年、ポノマリョフの工場は蒸気機関を使った最新のイギリス式製茶機械を導入し、高品質で携帯に便利な板状磚茶（プリトーチヌィ・チャイ）の開発に成功する。これはロシア陸軍アカデミー教授の推薦を受け、市場に登場すると旅行用に用いられて人気を博した。こうした努力がロシアの磚茶輸入に拍車をかけた。

　日本の製茶業がロシア市場に参入を試みたのは、ちょうど上記の変化が起こった時期である。1890年（明治23）、日本からロシアに直接茶を輸出する「日本製茶会社」が設立された。しかし日本の磚茶は1877年（明治10）、中国調査に派遣された多田元吉が福州でその製法を学んだのが最初で、国内の磚茶生産は熊本、福岡に限られた。さらに経済恐慌のあおりで「日本製茶会社」は設立後1年余で解散した。日本茶のロシア市場進出が失敗した原因はひとえに情報不足で、アメリカ合衆国向け輸出が成功したのと対照的である。また日本茶は主に横浜、神戸から輸出され、長崎は「下級」茶輸出が中心で、目立つ量ではなかった。それでも当時ロシアで販売されたブランド茶のパッケージに芸者や日本的イメージの絵が見られるのは、広告的な意味合いもあるだろう。

ユダヤ系ロシア商人ヴィソツキー社の茶の広告

歴史に「もし」は禁物だが、情報収集と準備の上で九州の磚茶生産に注力していれば、あるいは長崎とロシアの茶貿易は開拓できたかもしれない。明治期の日本は19世紀末に茶が輸出の7%近くを占めたが、国際市況の情報が不足し、巨大なロシア市場を逃した。さらにソ連邦の成立は茶の国際市場を一変させた。しかし、現代のロシアの食は外食産業発展で目まぐるしく変化しており、日本食レストランの普及も緑茶人気を支えている。また、明治以降も日本の重要な窓口だった長崎へのノスタルジックなイメージがロシアでは根強い。現状で、日露関係は政治的リスクから先を見通せなくなっているが、食文化が容易に国境を越えていくことはこれまでの歴史がよく示している。積み重ねて来た茶と人の交流が、再び平和の中で広がっていくことを筆者は願ってやまない。

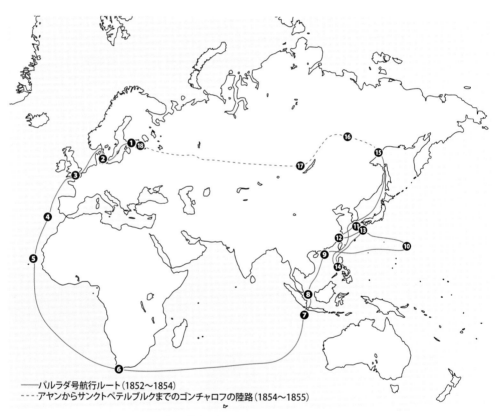

　　──パルラダ号航行ルート（1852〜1854）
　　----アヤンからサンクトペテルブルクまでのゴンチャロフの陸路（1854〜1855）

パルラダ号の航路とゴンチャロフの帰還ルート（1852~1855）

❶クロンシュタット　　　❷コペンハーゲン　　　❸ポーツマス
❹マデイラ島　　　　　　❺カーボベルデ　　　　❻ケープタウン
❼スンダ海峡　　　　　　❽シンガポール　　　　❾香港
❿父島（小笠原諸島）　　⓫長崎　　　　　　　　⓬上海
⓭長崎　　　　　　　　　⓮マニラ　　　　　　　⓯アヤン（阿揚）※ここでプチャーチン使節団一行から別れた
⓰ヤクーツク　　　　　　⓱イルクーツク　　　　⓲サンクトペテルブルク

III 末次平蔵と茶の湯文化

井上　治（嵯峨美術大学教授）

　朱印船貿易で有名な長崎の豪商末次平蔵政直は、元和四年（1618）に村山等安に代わって長崎代官に就いた。その後、二代茂貞、三代茂房、四代茂朝が代々平蔵を名乗り、延宝三年（1675）まで四代に渡って長崎代官を勤めている。豪商かつ代官として十七世紀の長崎文化を牽引した四人の末次平蔵の中で茶文化との接点がとくに見られるのは、小堀遠州と交友があった二代平蔵茂貞である。

　小堀遠州はいうまでもなく三代将軍徳川家光の茶の湯指南役とも位置づけられる大茶人である。茶道具の入手という観点から、彼はもとより朱印船貿易家との交流を重視していた。たとえば親交の深かった貿易家に、摂津平野郷の豪商末吉孫左衛門が挙げられる。末吉家も四代に渡って代官を務めるなど末次家と似た境遇の家であり、一族の平野藤次郎は初代末次平蔵政直とともに台湾に船を出しているように両者の接点もあった。十八世紀後半に長崎奉行を勤めた末吉利隆もその家筋である。遠州は末吉一族や京の茶屋四郎次郎といった畿内の貿易家を幾度か茶会に招いており、そこでは海外の道具の入手に関する相談もあったと思われる。

　遠州が末次平蔵との関係を深めるのは、幕府による対外貿易の制限と関係していると考えられている。寛永八年（1631）に朱印状に加えて老中奉書が義務づけられることで朱印船の渡航が制限され、同十二年には海外渡航と在外邦人の帰国が禁じられるとともに、外国船の入港が長崎に限定された。二代平蔵茂貞が小堀遠州の茶会に招かれるようになるのは、このような時期である。朱印船の時代が終わっても長崎という唯一の国際貿易港を拠点としオランダ商館とも近い立場にある平蔵は、遠州にとって重要な人物となっていった。遠州と政治的にも密接な関わりがあった畿内の貿易家に比べて、平蔵との関係はより純粋に道具の入手に関するものであった。実際に遠州は平蔵へ書状を送って、阿蘭陀船や唐船から織物や裂地の調達を依頼している。

　当時の豪商がある程度の茶道具を所持して茶を嗜むのは当然であり、二代平蔵自身が「茶人」と言い得るものだったのか、といったことは分からない。道具に関しては、平蔵が遠州所持の竹二重切花入「女郎花」を所望していたことが知られている。これは遠州がその名を高めた品川での茶会で将軍徳川家光が紫陽花を入れたという由緒があるもので、遠州自身もこれほど面白い竹はないと述べている名器であった。結局、遠州は平蔵にこれを贈っている。また、江月宗玩とともに遠州に招かれた寛永十七年（1640）十月十七日朝の茶会は、翌日の口切の茶事のための打ち合わせと推測されている。江月宗玩は堺の茶人津田宗及の子であり末吉家とも縁戚あたる大徳寺龍光院の僧で、遠州所縁の孤篷庵の開祖となった人物である。平蔵は主に道具選びの観点から招かれたのであろうが、いかにして茶の席を演出するかというある意味最も茶の湯的な課題において、遠州からかなりの信頼を得ていたことが分かる。「女郎花」

の件とも合わせて、遠州周辺の茶人との交際を通じて平蔵自身もひとかどの茶人と認識されていたのだろう。

　日本の茶文化は必ずしも茶葉だけで成り立つものではないし、また禅や点前だけのものでもない。その根底にはバイタリティにあふれた商人たちの気風があり、それを体現するものが道具であった。茶木の将来や中世以来の唐物重視など、茶文化はもともと海を渡ってきた国際的な性格を持っており、したがって閉鎖的な茶室にも常に堺や長崎の開放性が内在している。九州には博多の神屋宗湛や島井宗室以来の豪商茶人の伝統があり、末次もその系譜にあると言える。もともと末次家は博多や堺とも接点を持ち、また二代平蔵もしばしば上方に滞在していたが、その嗜好の背景には長崎文化があった。それゆえに、道具のやり取りの中では遠州の好みと相違するところもあったようだが、遠州にとっては上方や江戸の茶の湯では見られないような九州の先進的な嗜好は大きな刺激となったであろう。遠州からの注文にはある程度の指定があったとはいえ、上方や江戸に送られる舶来品は長崎で選別されているという面があり、必然的にそこでの嗜好が影響力を及ぼしている。末次平蔵は遠州の美意識に従って調達したというだけでなく、結果的に彼の嗜好自体が遠州風として確立される茶の美意識の形成に不可欠であったと言える。

参考文献

根津美術館（編）『小堀遠州の茶会』（根津美術館、1996 年）
小堀宗慶『続小堀遠州の書状』（東京堂出版、2006 年）
深谷信子『小堀遠州の茶会』（柏書房、2009 年）
藤生明日美「小堀遠州と末次平蔵」『研究紀要』（28）（野村文華財団、2019 年）
永松実『長崎代官末次平蔵の研究』（宮帯出版社、2021 年）

国宝「大雄宝殿」「第一峰門」を有する黄檗宗の唐寺　長崎 崇福寺山門

売茶翁(ばいさおう)と大湖 ―黄檗のお茶―

若木太一（長崎大学名誉教授）

　今や街のすみずみに置かれ、温かいお茶やコーヒー、冷えたジュースまで売る自動販売機。わたしたちは日々恩恵をうけている。世界に誇る日本の技術というにはおこがましいが、その機械を生みだした原型―人の心の裡―（うら）をたどると、便利さだけの理由ではなく、「お茶はいかがですか」という、もてなしの心遣いにゆきつくだろう。

　長崎の興福寺では、毎年四月半ばに「茶市」を催し、多くの人出で賑わう。「隠元茶」の手揉み・鍋煎りの実演があり、新茶が売り出される。その根源は、黄檗の「普茶」に由来する。法会のあとで大衆にお茶をふるまった。

　隠元禅師が三十人ほどの法弟や仏工と長崎に渡来したのは日本暦の承応3年（1654）6月5日、翌6日に東明山興福寺（長崎市）にすすみ、祝国開堂した。インゲン豆、普茶料理（中国式の精進料理）など隠元禅師が伝えたものは少なくない。寛文3年（1663）には朝廷や幕府からの寄進や援助をうけて宇治に黄檗山万福寺が開創され、諸国に多くの末寺ができ、「普茶」が弘まった。

　『風俗文選』（許六編、1706）の「雲華記」（汶村）には、栂尾や宇治の上林など諸国によい茶があるが、隠元茶について「檗山禅師来朝して、唐茶の鍋煎りを製す。世もつて隠元茶と号す」。「能くさます」「能くまじはる」「よく悟る」「能く寂す」「能くすゝむ」「能くへらす」という六徳を記している。

畸人売茶翁

　およそ今から三百数十年前の江戸中期、京都の所々でお茶を売って日々の糧にしたという「売茶翁」という人がいた。畸人の一人としてその名は広く知られている。寛政2年（1790）に京都で刊行された伴蒿蹊著『近世畸人伝』である。三熊花顛が画く挿絵には、木村蒹葭堂が所蔵していた茶道具の図がある。都籃（茶道具を入れる大籃）・炉龕（炉を入れる立型の厨子）・黄銅炉／急須（真鍮製の炉と唐急須）・注子（水さし）・建水（水こぼし）・瓢杓（ひさごを割って作ったひしゃく）・吹管（火吹き竹）など。

　しかしこれら日々愛用した茶道具「仙窠」（具籃の名）などを、81歳の宝暦5年（1755）、みずから焼却した。そのわけを「仙窠焼却語」にこう記す。

　―孤独で貧乏なわたしの生活を長年助けてくれ、長寿を保つことができた。だが今や老いぼれて汝を用いる力はなく、北斗星のかなたに身を隠そうとしている。私の死後に俗人の手にわたり汝（仙窠・茶道具）が辱しめられるのは心遺りで忍びない。火聚三昧に祭ろう。猛火に入って転身せよ―。

　はげしくも潔癖な生き方である。自らも黄檗僧から売茶翁へ、そしてさらに隠者高遊外へと転身した。そのわけは何だったのか？

（図I）

（図II）

宝暦 13 年（1763）、京都は東山、岡崎の寓居から方広寺の幻々菴に移り、7 月 16 日に示寂、89 年の生涯を終えた。人生 50 年といわれた時代、長寿を保ちえたのは、日々贖って暮らしたその「茶神」のおかげであろうか。

　そして同年 5 月刊の『売茶翁偈語』の冒頭には、伊藤若冲（1716－1800）が描く売茶翁の肖像と翁の詩偈「高游外自題」を掲げて、上梓された。

処世して世を知らず、禅を学ぶも禅を会せず、

但だ一担具を将ちて、茶茗（みょう）到る処に煎る

到る処に煎れども人の買うこと無し

空しく提籃を擁して溪辺に坐す

咦

何者ぞ事を好み謾りに描出するは

一えに任す、天下　人　粲然たるに

　売茶翁は茶道具を担いで洛中を歩きまわり、この詩を詠んだ。「咦」とは、禅家で奥旨を言葉で伝えきれないとき発する大声のこと。俗に子女が憎まれ口にいう「イイーだ」の語原。

　一世間で暮らしながら世渡りのことを知らず、禅を学んだが禅の何たるかがわからない。ただ茶道具を担いであちらこちらで茶を煮ている。だが買ってくれる人はなく、空しく川辺に坐っているだけ。「オーイ、誰だ、わしのことをかってに描こうとするのは」。どうでもイーだ。わしのことは、天下に人に、知られている身だからー。

売茶翁と大潮

　売茶翁は、僧名を月海元昭という。延宝 3 年（1675）5 月 16 日、肥前国神崎郡蓮池（佐賀県佐賀市蓮池町）の人。父は芝山杢之進常名といい、藩主鍋島直澄に典医として仕え、母はみやといった。父没後、貞享 2 年（1685）十一歳の時に蓮池の宝寿山竜津寺に入り、化霖道龍（1634－1720）に師事した。この化霖は曹洞宗の僧であったが宇治の黄檗山に上り木庵性瑫に謁し、その後隠元禅師に謁し、獨湛性瑩（1628－1706）に授戒した黄檗僧である。

　売茶翁の七十歳を祝う法弟大潮元皓（1678－1770）の詩がある（『魯寮稿』巻四）。

　　寄贈売茶翁

扶桑国裏一茶翁　　　扶桑国裏の一茶翁

売向人間價不窮　　　人間に売り向ふも價は窮めず

百二趙州今七十　　　百二趙州　今七十

高游方外立家風　　　方外に高游して家風を立つ

　一日本国の一人の茶翁は、世間で茶を売っているが、いっこうに儲けようとはしない。かの唐の趙州和尚は百二歳の長寿を得たという。この売左翁は今七十歳、世俗を離れて広く逍遙し、高く生きる風儀を立てているのだー。

　この詩は延享元年（1744）大潮元皓が兄弟子である月海元昭の七十歳の寿を祝し、売茶翁の生き方を称讃したものである。京都と伊万里とに離れていながら、二人の絆は強く結ばれ

ていた。

　この「百二趙州」とは、中国唐代の禅僧で趙州従諗のこと。いつも日常の言葉で禅を説いた。誰にでもまず「喫茶去」（お茶はいかがですか）ともてなし、禅の深奥にふれ、百二十歳の長寿をえたと伝える。

　売茶翁は洛中は東山の辺り、下鴨の糺の森、鴨川の通仙亭、岩倉の真性院、東福寺の通天橋の庭など諸所で茶舗を開き、その体が動くあいだは茶を売った。しかし八十をこえて歩くにも困難となり、ついに茶舗を閉めるときを迎えたのである。

　八十一歳の宝暦5年（1755）、冒頭部にかかげた「仙窠焼却語」である。人生をともにした大切な茶道具を、みずから焼却した切ないそのわけをもう一度ここにくり返そう。

　　──「孤独で貧乏なわたしの生活を長年助けてくれ、長寿を保つことができた。だが今や老いぼれて汝を用いる力はない。私の死後、俗人の手にわたり汝（仙窠・茶道具）が辱しめられるのは心遣りで忍びない。火聚三昧に祭ろう。猛火に入って転身せよ」。

トーマス・グラバーが居住した、旧グラバー住宅

IV 世界茶市場と長崎のお茶

ロバート・ヘリヤー（ウェイク・フォレスト大学 ＝米国＝ 歴史学科 教授）

Note: この章は、著者が 2021 年出版した書籍、『Green with Milk and Sugar: When Japan Filled America's Tea Cups（原題）Columbia University Press, ロバート・ヘリヤー著、村山美雪訳』『海を越えたジャパン・ティー　緑茶の日米交易史と茶商人たち』原書房、2022］から抜粋されています。

茶が 1859 年から長崎貿易に登場

　いうまでもなく、1859 年は長崎の歴史のなかでもっとも重要な年の ひと つである。 江戸時代の長崎は、主として中国との貿易を中心とした港町であった。 1859 年に条約港体制が整えられると、この都市の小さな欧米商人の一団は、西洋諸国と新しい商業関係を築き始めた。ほかの日本地域と同じように、1859 年以降の長崎人の生計は、とりわけ生糸と石炭および茶の輸出貿易によって、次第に欧米市場と結びついた。 1860 年代の長崎は、日本の茶輸出産業における草創期の重要な中心地であり、1930 年代の終わりまで繁栄を続けた。日本は 輸出貿易を発展させることで、欧米市場に向けた茶輸出を独占する清国に挑戦する最初の国となった。

　1859 年以降、英国商人と中国の熟達者は、長崎の輸出貿易を発展させるうえで重要な役割を果たした。南山手の居留地（現グラバー園）に家を構えるウィリアム・オルトとトーマス・グラバーは、緑茶がとりわけ米国市場で輸出の大きな潜在力をもつ商品であることを認識していた。 植民地時代のアメリカ人は、主として紅茶を飲んでいた。 入植者はアメリカ独立戦争のときにお茶を消費し、有名な 1773 年のボストン茶会事件のときには、茶に課された税がイギリスの支配に対抗する抗議の焦点となった。しかし独立を達成したアメリカ人は、再びお茶を、なかでも緑茶を受け入れた。 その後 1920 年代まで米国（そしてカナダも）は、紅茶が優勢だった英国と異なり、主要には緑茶を消費する国であった。 アメリカ人は緑茶を特別な仕方で消費したわけではなく、多くの人は牛乳と砂糖を加えて熱くして飲んだ。

　中国から海外に輸送する場合、国内商人はお茶を加工して精製し欧米の輸出会社に販売した。対照的に日本の茶商が輸出する場合は、茶を精製して梱包する欧米商人の家に生茶を納品した。そのためオルトとグラバーは、長崎に焙煎と茶箱梱包の工場を建設した。彼らはまた、日本緑茶のニューヨークに向け輸出ルートを開拓するために、特に上海での取引関係を利用した。

　とはいえオルトとグラバー、さらに助手として雇った日本人には、茶を工業規模で精製して輸出する知識に欠けていた。それゆえ 2 人の英国人は、余分な水分を除去して船積みで生えるカビを防止するために焙煎し、茶を米国輸送するのに使う茶箱を梱包してラベルを貼るまでの、茶の加工のすべての監督を中国人の熟達者に頼った。条約港長崎における中国人茶

熟達者の権利は、欧米人に比して限られていたが、製茶工場では熟練した職人として重要な地位を占めた。1860年代の長崎と横浜は、こうした熟達者の指導により茶輸出貿易の中心地として栄えた。

緑茶に「日本茶」ブランドがついてアメリカで人気に

世界最大の二都市であった江戸と大阪の住民は、江戸時代を通して普段に日本の国内産地からお茶を購入していた。例えば、18世紀の京都では、煎茶の発達に伴い宇治茶がとりわけ重宝された。 15世紀に中国から導入された技法で精製された釜炒り茶は、長崎周辺の諸藩で生産が続けられた。よく知られているように、1820年代にフィリップ・フランツ・フォン・シーボルトは、日本茶のサンプルをオランダに送った。ライデンの民族学博物館に所蔵されるそのサンプルの多くは釜炒り茶であり、シーボルトはそれらを長崎周辺の生産者から入手したことが分かる。米国向けに直接出荷された日本の緑茶はこの地域の特長を維持し、おそらく追加の精製をほとんど施されずに出荷されたものである。したがって長崎経由で出荷された九州北部のお茶は、米国市場に最初に到着した茶のうちの一部を占めていたと推測される。

日本からの輸出貿易の初期、茶の産地は、米国における日本茶の販売でその特長を維持しようと努めた。これは、米国に送られる茶箱に貼られたラベルに顕れている。これらのラベルは、大概合わさって「蘭字」と呼ばれた。というのは和風のイメージに、英語の記述が組み合わさっていたからである。

一部の日本商人は、「狭山」（埼玉県）などの地域のお茶を米国で販売しようとした。これまでの私の調査では、長崎の茶生産者によるそのような取り組みは見当たらない。米国で、地域のお茶ブランドで販売しようとする、日本商人のいくつかの試みは失敗に終わった。第一に日本商人は、地域のお茶販売に成功するための資本と、米国市場での縁故に欠けていた。第二に、輸出貿易が発展するのにつれて、日本茶の大部分は「日本茶」という幅広いラベルのもとで販売された。 1860年代初頭、ニューヨークのお茶流通業者は、長年の間に確立された中国品種と新しく到着した日本茶を区別するために「Japan Tea」（日本茶）ブランドを開発した。 1930年代までの日本茶の広告やラベルには、ほとんど「日本茶」の名前が付けられていた。またアメリカの消費者は、最も広く用いられた二つの精製方法、すなわちバスケット（籠煎り）とパン（窯煎り）の焙煎によるお茶として、日本の緑茶を選択した。

1870年代のアメリカ人は、とりわけプルシアンブルーといった添加物で着色された緑茶をより好んで飲み始めた。今日の私たちの見方からすれば、大概の国の政府は食品および飲料の品質を厳しく規制しているので、このような着色の仕方は衝撃的である。しかし中国商人は、19世紀初頭にお茶の色付けにプルシアンブルーを使い始めた。彼らは、低品質のお茶の不純物を隠すために着色を用いて、アメリカでお茶を飲む人を騙そうとしたわけではない。中国商人がプルシアンブルーや他の着色剤を加えたのは、豊かな緑色の茶を求めるアメリカ人の欲求を満たすためであった。日本の製茶工場は中国の慣行に従っていたため、長崎と横浜の製茶工場もお茶の着色を始めた。労働者階級のアメリカ人は、他のお茶の品種よりも安い価格で色付きのお茶を購入することができたので、これは数十年にわたって米国市場で人気を博することになった。

1870 年代には、神戸が長崎に代わって茶の輸出港となった。これ以後の明治時代には、日本茶のほとんどが神戸と横浜で加工されて輸出された。大正から昭和初期にかけて静岡が日本の主要な精製センターとなり、清水経由でお茶が輸出された。

　19 世紀後半から 20 世紀初頭の日本の大きな茶輸出貿易の歴史のなかで、長崎のお茶は全体のなかの小さな位置を占めるにすぎない。しかしながら長崎市は、重要な日本の産業が出現した場所であり、貿易の発展における重要な場所と見なされるべきである。江戸時代を通してそうであったように、長崎は、日本の緑茶が初めて世界商品となることを促進し、外部世界との新しい関係の創造を導いた。

（翻訳：姫野順一）

参考文献

粟倉大輔 著　「日本茶の近代史：幕末開港から明治後期まで」　東京：蒼天社出版 , 2017.
Burke-Gaffney, Brian. Nagasaki: The British Experience, 1854-1945. Leiden: Brill, 2009
Ukers, W.H. All About Tea, two volumes. New York: Tea and Coffee Trade Journal, 1935. Reprint
小川後楽 監修 , 寺本益英 編 ,「日本茶業史資料集成 , 第 14, 15 冊」. 東京：文生書院 , 2003.
井手暢子 著、「蘭字：日本近代グラフィックデザインのはじまり」東京：電通 ,1993.
杉山伸也　著、「明治維新とイギリス商人―トマス・グラバーの生涯」岩波新書、1993.
水田 丞　著、「初期長崎居留地における茶再製場設立と操業の経緯 -- グラバー商会経営の茶再製場を事例として」　日本建築学会計画系論文集 73（633）2008 年 11 月、2505―2512 頁。
ロバート・ヘリヤー　著、「中国から学び西洋に売り込む：文明開化における中国のノウハウ」細川周平 , 山田奨治 , 佐野真由子 編「新領域・次世代の日本研究 , 海外シンポジウム報告書 2014 年」国際日本文化研究センター 2016 年 11 月、129-136 頁 .

旧三菱第2ドックハウスからの眺望（グラバー園）

日本緑茶輸出と大浦慶

本馬恭子（女性史研究者）

はじめに

　以前の大浦慶の人物像は講談師らの根拠のない風説に由来するもので興味本位に粉飾された虚像であると考え、資料に基づく実像を求めて調査・報告したのが小著『大浦慶女伝ノート』（1990年）であった。その第一章では大浦慶の系図を推定し、第二章で茶貿易について、第三章で遠山事件の真相について出来る限り解明している。

　本稿では上記の小著を基に大浦慶の上申書について再検討したい。

1．大浦慶（1828～84）の生い立ち

　大浦屋は長崎・油屋町の老舗であり油問屋であった。油屋町は長崎の内町26か町の外側に形成された外町の一つであり、大浦屋は江戸初期に海外との貿易が長崎に制限されたあと、大坂あたりから貿易を目的として移ってきた商家ではないかと思われる。大浦家の初代四郎左衛門憲景の墓には1651（慶安4）年の没年が刻まれており、後に慶が「慶祖先の義も亦之（これ）（貿易）に従事せり」と述べているのはこの推測と符合する。

　油問屋としておそらく油屋町第一の有力商人であったが、慶が生まれた幕末においては、専売の油は他国からの安い油の流入に押され商家の経営は苦しさが増していた。

　大浦慶がこの経営を立て直すべく奮闘したのは必然の成り行きであった。しかし若くして婚約者や父母・祖父に先立たれ、また大火の難に遭うなど、その道のりは平坦ではなかった。

　彼女がどうやって緑茶の輸出を思いついたか、よく分からない。ただ、日本緑茶が国際的に高額商品として通用すると知った時、嬉野という産地を控えた長崎の商人・大浦慶が関心を持ったたことは想像できる。先祖伝来の貿易商人の気風と海外からの情報が結びついて、彼女の新しい試みが始まったと思われる。

2．功労賞のもとになった上申書

　大浦慶の上申書「長崎港製茶輸出経歴概略」という文書が長崎県の勧業課事務簿に残されている。

　これは1883（明治16）年3月長崎県令として赴任した石田英吉の勧めにより同年9月に県に提出され、翌年政府から功労賞を授与されるもととなった上申書で、この功労賞によって大浦慶は日本茶輸出の先駆者として公に認められることになった。

　この文書の存在は早くから知られていたが、どんな歴史資料もまずその由来や文書としての性格を確かめ、信憑性を検討する必要がある。

　最初に読んでまず疑問に思ったのは、このような硬い漢文調の文章を女性が書くだろうか、ということだった。しかし女性も武家や大きな商家では漢文教育を受けたらしいし、また長

崎の商人として奉行所が出す文書が読めぬようでは仕事ができないはずで、遠山事件での口上書など見ても大浦慶が漢文体の文章を使いこなしていたと分かる。

この上申書は前書き・主文・展開・結語に至るまで主題を逸らさず簡潔でよくまとまった文章である。その内容は当事者にしか分からないような細かいところまで触れてあり、嬉野茶の上中下３種類を一斤ずつ分けて３セットを見本として送ったとか、「250目一斤なり」と注するとか、茶業に携わった者に相応しく具体的で詳しい。

資料としてみる場合、当事者である大浦慶の文章として、資料内部において矛盾や誤りはないだろうと判断された。ただ外部状況との関係で２点、確認を要することがあった。それは次に述べる和蘭人テキストルおよび英商オルトに関わる部分である。

３．上申書の問題点

一つには上申書において嬉野茶の見本を託した和蘭人「テキストル」という人物が、当時（1853 年）出島に滞在していたのかどうか未確認であった。

これについては、イザベル・ファンダーレン氏（東京大学資料編纂所研究員）の御教示によれば、この頃テキストル（Carl Julius Textor）はまだジャワのバタヴィアにいて、長崎に向かおうとしていたらしい。彼は 56 年出島の役職に任命されて渡航しようとしたものの、船の難破や病気に妨げられ、漸く 57 年以降に長崎に赴任したようである。

従って、大浦慶が通詞に頼んで交渉してもらった出島の和蘭人はテキストルではない他の和蘭人だったということになる。但しテキストルはシーボルトの協力者であって、43 年来日して植物調査や茶栽培の研究を行い商館長ビックの江戸参府にも随行しており、出島ではよく知られた人物であった。大浦慶に頼まれた通詞が出島で交渉した際、嬉野茶の見本の英・米・アラビアへの送付をバタヴィアのテキストルに依頼しようという話が出ても不思議ではない。通詞から交渉の結果を聴いて、大浦慶が「テキストルに送り方を委託」したと受け止めた、という文脈で理解は可能と思われる。

次に、英商オルトが見本を携えて来航したという記述については、W.J. オルトが 16 歳の若さなので、確かめる必要があった。

近年オルトの書簡が長崎歴史文化博物館に寄贈され、それによると上申書の記述は事実ではないとして信憑性を疑う説が出されている。（2019 年 7 月 21 日付長崎新聞）

オルトの生年を 1840 年とするのは『オールト夫人回想録』に付された娘フィリスの記述によるものだが、私はある事情でオルトが実際の年齢より若く詐称していた可能性もあるとみる。日本の戸籍においても事実と異なる場合があり、たとえ出生証明書があっても人の生年には不確実性がつきまとうと考えている。

また、オルトの書簡に書いてないという理由で、日本で公的に認められた大浦慶の上申書の信憑性を否定するのは早計であろう。

４．英商「オルト」の意味するもの

ここで視点を変え、上申書の“英商「オルト」”という表現に注目して考えたい。

1871 ～ 72（明治４～５）年に起きた遠山事件では多量の裁判資料が残され大浦慶の口上書

も読むことができるが、その中には「英商オールト」または「オールト」という言葉が頻繁に出てくる。この事件は熊本藩士遠山一也が熊本産煙草を売ると偽ってオルト商会から手付金3千両を詐取した詐欺事件で、大浦慶も騙されて保証人になったために大きな損害を被った事件であった。

　ところで、W.J. オルトは、『外国人支那人名前調帳』によると68年9月を最後に家族と共に長崎を去り大阪へ移っている。つまり遠山事件が起きた時、W.J. オルトは長崎にはいなかった（代理人はH.J. ハント）。従って、裁判資料の「英商オールト」「オールト」という表現は、オルト商会を表すものであったと考えざるをえない。（小著第三章の注21）

　大浦慶の用語において「英商オルト」が即ち「オルト商会」でありW.J. オルト個人ではなかったとすれば、上申書の"英商「オルト」"という表現もW.J. オルトではなく、のちのオルト商会（Alt & Company）に関係した誰か、の可能性が出てくる。その誰かが長崎港に来て茶の収集を大浦慶に頼んだのだとしても、上申書の語る茶貿易の始まりの経緯は少しも影響を受けないし、上申書の歴史的価値も変わらないだろう。

　上申書の英商オルトという言葉の意味は再検討を要すると考える。

5．結び

　功労賞申請にあたって中央政府に対し再三書簡を送った長崎県令石田英吉の尽力ぶりは、遠山事件の時の県権令宮川房之の冷淡さと対照的である。それは石田が幕末の大浦慶の活躍や遠山事件の不当な裁決を知っていたからではないだろうか。

　死期を悟っていたかも知れない大浦慶は渾身の思いで上申書を書いた。上申書に虚偽を書く理由は見当たらない。

　歴史資料は絶えず検証を繰返されて当然である。そして改めて、石田県令の誠意が大浦慶を動かし日本緑茶輸出の始まりを当事者が語る文書が遺されたことの僥倖に思い至る。

参考文献

「長崎港製茶輸出経歴概略」（「勧業課農務係事務簿・明治17年」所収）
「竹谷家過去帳」（竹谷家蔵）
「長照寺過去帳」（長照寺蔵）
エリザベス・オールト『オールト夫人回想録』（抜粋）長崎市グラバー園蔵
重藤威夫『長崎居留地貿易時代の研究』1961年　酒井書店
本馬恭子『大浦慶女伝ノート』1990年　私家版

パリ万博と日本のお茶　〜長崎・薩摩から欧米へ〜

原口　泉（鹿児島大学生涯学習教育研究センター長）

大久保利通の先見性

　文久2（1862）年、上海に渡航した五代友厚は、茶や紅茶が高値で取引されていることを知った。そして元治元（1864）年、藩に提出した上申書で上海貿易の計画を述べており、「上海へ御運送相成可品々、第一茶、白糸、椎茸、昆布、鰯、御種人参、鶏冠草、白炭、杉板、松板、棕櫚皮、煎海鼠、干鮑、干貝、干海老等」と、輸出品として第一に茶を挙げている。

　翌年、藩費英国留学生を率いてイギリスに渡った五代は、滞欧中に出会ったモンブランというフランス人と交流し、パリ万国博覧会へ参加することを取り決めた。

　慶応3（1867）年、薩摩藩は幕府とは別に独自にパリ万博へ参加して世界の檜舞台で大いに気を吐いた。当時の新聞『ルモンド・イリュストレイト』で、幕府のパビリオンも薩摩のものとして掲載され、人気を独占した。薩摩藩は、幕府にひけをとらない400箱余りの産物を送っているが、その品目のほとんどは陶器や茶器であった。薩摩焼は、茶碗・茶出（急須）・花入・鉢・蓋物の5種、薩摩産の塗器は、提重・重箱・盃・吸物膳・煙草盆・茶臺など20種、茶器は、茶筅・茶碗・棗・茶入・水指・茶杓・茶巾・服紗・茶壺など24種であった。その他、茶や泡盛などがあった。幕府館では茶屋が設けられ、茶が500斤（300kg）出品された。いかに欧米人が茶器や日本茶を欲していたかが分かる。

　外国貿易商と組んで茶商となったのが、長崎の油商大浦屋の娘の大浦慶である。女性ながら外国との交易に早くから手を染め、日本茶の貿易を成功させた。長崎で生まれ育った大浦慶は、子どものころから欧米人をずっと見ていたため、九州産の釜炒りの茶（黒茶）が欧米人の口には合わないと察知した。そして、釜炒り茶より蒸し茶の方が欧米人には好まれると考え、蒸し茶法が採用されるようになった。このため、嬉野茶や八女茶などが売り上げを伸ばしていった。

　このように、日本の茶貿易の道を拓き、産業として発展させた大浦慶だが、茶貿易の創始者としての評価が低いのではないかと感じる。以前、茶生産の先進地である静岡県金谷町のお茶の郷博物館を訪れた際、そこには日本茶輸出の功労者として大浦慶に触れたものがなかったからである。幕末・明治という日本の黎明期の経済史を見るとき、主産業の茶をくり出した大浦慶の功績は、決して見落とされてはならない。横浜に茶輸出の主舞台が移ったとはいえ、大浦慶が始めた茶貿易あればこそ、当時の日本の経済は支えられていたのだ。

　大浦慶のみならず、大久保利通も茶に着目していたことがその証といえるだろう。欧米の嗜好品は紅茶である。大久保自身も、紅茶にブランデーを入れて飲んでいたという記録が残っている。大久保は、紅茶なしではヨーロッパ文化は成り立たないと気づき、ヨーロッパに輸出するための紅茶を日本で栽培しようと考えた。内務卿だった大久保は、明治7（1874）年に製茶掛を設けた。そして、自ら借金をして駒場に農園を開き、紅茶づくりに着手した。紅

茶は日本では馴染みがなかったが、緑茶も紅茶も同じ茶葉からつくられるため、日本茶用の茶葉をつくることができれば、紅茶もつくることは可能である。発酵させるか半発酵させるかといった加工の仕方が異なるだけで、それによって緑茶、紅茶、烏龍茶といった違いが生じるといった具合である。

　当時の日本は遅れて資本主義のレースに参加したようなものであり、政府の政策も工業優先となっていた。お茶をはじめとする農産加工品には地道な技術改善、品質改善をともなう。そのため、農業に肩入れすることはどう考えても不利であった。そのような情勢の中、大久保は農産加工品であるお茶を重視したということは忘れてはならない。明治11年（1879）大久保は自らが総裁となり、パリ万博に臨もうとしたが暗殺されてしまった。

前田正名の情熱

　そんな大久保の遺志を継いだ人物が、パリ万博の事務官長であった前田正名である。長崎の何礼之の英語塾で学んだことのある前田正名は、大久保の援助を受けて明治2（1869）年にフランスへ留学した。フランスで農学や農政を学んだ前田は、地方産業を近代化し、その製品を輸出することで日本経済が発展すると考えた。そして、明治17（1884）年、農務省大書記兼大蔵省大書記官として日本全国の産業の現状を調査し、今後の展望をまとめた『興業意見』で、農産加工業などの在来産業の保存・改良を説いたが容れられなかった。大蔵卿の松方正義が、いち早く欧米列強に追いつくために重工業中心の道を選んでいたからである。松方は、欧米の重工業を日本に移植するためには、農業が犠牲になることもやむを得ないと考えていた。その境遇が野に下って行脚をするという前田の人生につながっていく。

　明治25（1892）年、前田は自邸を売却して運動資金をつくり全国行脚に出発した。まず、静岡・飛騨・富山・石川・福井・関西を遊説し、茶業者の全国的団体結成をよびかけた。列強先進国と肩を並べるには、輸出の花形である茶業産業を振興し、業者の利益を守らなければならない、そのためにも茶業団体結成が必要不可欠だと説いてまわったのだ。脚絆に股引、簑と小さな行李を背負い、手にはこうもり傘とボストンバッグを持った姿は「布衣の農相」と呼ばれた。

　前田の情熱とは裏腹に、世間の目は冷たいものだった。変人呼ばわりされたことも一度や二度ではなかった。しかし、徐々に前田の呼びかけに賛同する業者が現れてきた。そして、東北地方・北海道行脚遊説で、ようやく前田の主張に呼応して関西茶業会・九州茶業会・関東茶業会が結成された。そして明治26（1893）年、全国茶業者大会がはじめて開かれ、流通機構の近代化、茶葉の改良統一などが一気に進んでいったのである。

　前田は情熱家であり、なおかつ人の心をつかむのが巧みであったと『前田正名』（祖田修著）に書かれている。その象徴といえるのが、名古屋甚句の替え歌であろう。「わしが為めには苦労はせぬが　恋し日本に苦労する　タッター つの糸柱　それに並んで茶の柱　あぶない日本のその家に　四千万のこの民が　住ゐするのを知らないか」という甚句を紙に書き、糸柱と茶柱が支える家を描いたものを印刷して配布した。前田にとって、日本を富ませる地盤は農業と地場産業だった。特に、生糸と茶は日本を支える柱であり、何としても守りたいと考えていたのである。

鹿児島県の茶産業

　平成 25（2013）年、ユネスコ無形文化遺産に「和食」が登録された影響もあり、海外では和食がブームとなっている。和食と合う飲み物はお茶である。和食とともに、日本茶も一緒に売り出していく必要があるのではないか。今、まさに前田正名が生涯をかけて尽力した茶の輸出を拡大する絶好のチャンスである。

　このように、五代友厚、大久保利通、前田正名と続く「鹿児島の茶の系譜」は現代にも受け継がれている。現在、鹿児島県は全国第 2 位のお茶の産地であり、生産量も年々増加している。五代友厚が書き残した紅茶の製法でつくられた『武士の紅茶』や、『武士の烏龍茶』（仙巌園と東八重製茶の共同開発）は、鹿児島土産として人気である。また、鹿児島県南九州市「薩摩英国館」の経営者・田中京子氏が栽培・製造・発売した紅茶「夢ふうき」は、イギリスの権威ある食品コンテスト「グレート・テイスト・アワード 2007」において、日本人で初めて金賞を受賞し、2012 年には三ツ星金賞を受賞し、海外でも注目されている。今後さらに、茶業会が盛り上がっていくことを願っている。

長崎の茶貿易と中国人貿易商

佐野　実（国士舘大学 21 世紀アジア学部講師）

　明治期の日本において、茶は輸出品として重要な地位を占めていた。長崎港からも、茶が大量に輸出されていたことは、『新長崎市史』第 3 巻近代編にもあるとおり、すでに広く知られている[1]。

　本稿では明治初期の茶貿易を題材に、長崎港において実際に対外貿易を生業としていた中国人貿易商の活動を明らかにすることを試みる。

　長崎における中国人貿易商の活動については、日本に赴任していたイギリス人外交官による本国宛の報告書 Commercial Reports からある程度明らかにできる。この報告書は、その名のとおり日本の経済状況について記されたものである。たとえば 1873 年の報告書は、当時の中国人貿易商の活躍を次のように端的に示している。

　　この港の取引の多くは中国人の手中にある。〔中略〕西洋人は本当にわずかなシェアを占めるのみである[2]。

鎖国以降、長崎の対外貿易をほぼ独占していた中国人貿易商は、明治初期においてもなおそのシェアの多くを維持していたのである。

　茶は利益率が高い商品として、彼らの手によって輸出されていた[3]。たとえば長崎を代表する華僑である泰昌号（のちの泰益号）も、上海をハブとした東アジア海域を覆うネットワークを通じて茶の輸出を行っていた[4]。彼らによる茶の輸出先は、欧米に限らなかった。冒頭で述べたとおり、19 世紀においてアジア産の茶は欧米から広く求められていたが、輸出用日本茶の全てが彼らのティーカップに注がれるわけではなかったのである。1878 年 3 月時点の報告によると、日本茶のうち高品質のもののみが上海経由でアメリカに、またはカナダに輸出されるが、それ以外は中国（天津や漢口）へ輸出された[5]。

　では、こうした対中貿易の現場にいた中国人貿易商とは、どのような人々だったのか。1880 年代、長崎において活躍していた代表的な華僑を整理したものが、次ページの表である。

【表】「1880 年代の代表的な長崎華僑一覧」

華僑商社	上海におけるパートナー商社	華僑商社主の出身地
大記号	南順泰東桟	福建省同安
昇記号	履祥洋行	福建省同安
徳泰号	協徳号	福建省同安
泰昌号	祥泰洋行	福建省同安
泰記号	馬立師洋行	浙江省定海
徳盛号	太古洋行	（不明）
永吉祥号	譚瑞記	広東省新会
永祥泰号	広怡隆	広東省新会
広裕隆号	同記桟	広東省南海
仁泰号	上海無行桟	福建省同安
永豊号	祥泰洋行	福建省同安
益隆号		福建省福清
源和号		福建省海澄
怡徳号		福建省閩
源錩徳記		浙江省鄞
豊記号		浙江省鎮海
順記号		安徽省歙
義隆盛号		福建省恵安
利豊号		広東省潮陽
鼎泰号		浙江省鄞
信記号		浙江省鎮海
合昌号裁縫行主		広東省三水
公安号		広東省香山
泗合盛号		広東省開平
盛記号		広東省開平

（出典）布目潮渢「明治 11 年長崎華僑試論――清民人名戸籍簿を中心として」山田信夫編『日本華僑と文化摩擦』（巌南堂書店、1983 年）214 ～ 216 頁。光緒 2 年 12 月 14 日収、日本領事函称長崎開設博覧会商民品物請照西例免税業経駁復抄録往来函稿請査照由（中央研究院近代史研究所档案館所蔵・外交档案、外務部档案 01-27、91-1-10）を参考に筆者作成。

　表の中の「上海におけるパートナー」商社については多少の説明を要する。1879 年、長崎において地方博覧会（長崎博覧会）が開催された。長崎華僑も出品を企図した。その際、展示物としての商品を上海から輸送する際に現地のパートナーとした商社名を、長崎華僑は長崎県に報告していた[6]。この報告により、長崎側と中国側で具体的に誰が協力して貿易を行っていたのかを部分的ながら再現できるのである。

　さて、1890 年代以降、長崎港からの茶の輸出は減少をはじめる。代わりに輸出品としての存在感を強めていったのが、高島炭に代表される石炭であった[7]。このように茶貿易が衰退するのと併行して、日本の対外貿易の重心は長崎から神戸・横浜に移っていった。それに伴い長崎華僑も、活動の拠点を神戸・横浜へと移していく。前述の泰益号も神戸・横浜へと進出

していく[8]。しかし、彼ら中国人貿易商が日中間貿易で占めるシェアは依然として圧倒的であった[9]。

　長崎で活躍していた中国人貿易商は、長崎が国際貿易都市としての地位を、そして茶が主力輸出品としての地位を失ってもなお、日中貿易の主役足り続けていたのである。

註）

[1] 長崎市史編さん委員会編『新長崎市史』第3巻近代編（長崎市、2014年）249 ～ 254頁。
[2] "Nagasaki" Commercial Reports, 1873, p.81. なお〔　〕内は筆者による。
[3] "Summary of the Trade of Japan for the year 1874" Commercial Reports, 1874, p.77; "General report on the foreign trade of Japan for the year 1879" Japan No.1（1881）Commercial Reports, 1879, p.13
[4] 朱徳蘭『長崎華商——泰昌号、泰益号貿易史（1862-1940)』（廈門大学出版社、2016年）46 ～ 49頁。
[5] "Nagasaki" Commercial Reports, 1877, p.68; "Nagasaki. Report on the trade of the Port of Nagasaki for the Year 1881" Japan No.4（1883）Commercial Reports, 1882, p.37.
[6] 拙稿「明治12年長崎博覧会にみる地方博覧会と開催地の関係」（『長崎学研究』第4号、2020年3月）45 ～ 48頁。
[7] 前掲長崎市史編さん委員会編『新長崎市史』第3巻、254頁。
[8] 廖赤陽『長崎華商と東アジア交易網の形成』（汲古書院、2000年）135 ～ 139頁。
[9] 籠谷直人「1880年代の日本をとりまく国際環境の変化——中国人貿易商の動きに注目して」（『経営研究』第2巻第2号、1989年3月）217 ～ 226頁及び渡辺千尋「対中経済進出の拠点としての上海——日本商の直接進出を支えたシステム」（小風秀雅、季武嘉也編『グローバル化の中の近代日本——基軸と展開』有志社、2015年）331 ～ 353頁など。

大浦慶と日本茶の輸出で成功したウィリアム・オルトが暮らした
旧オルト住宅（グラバー園）

初期の茶貿易〜長崎英国領事館資料から

ブライアン・バークガフニ（長崎総合科学大学特任教授）

　1858（安政5）年に調印された安政五カ国条約により、翌年7月1日（旧暦6月2日）をもって長崎、神奈川、箱館の3港が開港となった。日本における最初の外国領事館である長崎英国領事館は一足先に、1859（安政6）年6月13日（旧暦5月15日）、天領長崎の南に位置する戸町村大浦郷の妙行寺にて仮設された。初代英国領事に任命されていたジョージ・モリソンの来日が遅れたため、C・ペンバートン・ホジソン領事代理が業務を開始した。

　ホジソン領事は、洋銀に対する日本側の拒否傾向など、様々な難題に直面しながらも、長崎の将来と貿易の可能性について楽観的であった。彼は、妙行寺から発送した手紙で次のように意見を述べている。「長崎からの輸出はかなりのものであり、おそらくやがて莫大になるだろう。多くの品物は隣の中国にとって非常に重要であり、他のものはヨーロッパで貪欲に求められている[1]。」（筆者邦訳、以下同）

　同年7月に着任したジョージ・モリソンは、領事館業務を引継ぎ、居留地の基盤整備と貿易の促進に着手した。彼は、「1859年後半の長崎におけるイギリス人商人による貿易活動」と題する報告書を作成し、輸出が貿易の大半を占めていることなどを英国公使に伝えた。さらに、同年前半に長崎から上海へ輸出された品物の一覧表を添付した[2]。その中で、海藻、高麗人参、ナマコやアワビなどの海産物、絹織物、ハゼ蝋、石炭など34もの品目が含まれているが、茶の記載がないことが注目に値する。この事実から、開港の年には日本茶の輸出がまだ本格的に始まっていなかったことが伺える。その理由について、モリソン領事は次のように同報告書で指摘している。「ここで生産された茶の品質は高く評価されているが、日本人は輸出のため

初代長崎英国領事ジョージ・S・モリソン

に茶葉を精製して梱包する方法をまだ学んでいないので、それらの作業は上海で行う必要がある。しかし、茶は今後、間違いなく大規模な輸出品になるだろう」

　1859（安政6）年の一覧表に登場しないほど微小だった茶の輸出は、わずか3年の間に、モリソン領事の予想以上に激増していた。その様子も英国領事館資料の中で確認できる。1860（安政7）年の貿易に関する報告書では、モリソン領事は次のように述べている。「茶は長崎からの主な輸出品になる可能性が高い。品質と輸出適性に対する我々の期待はまったく誇張されておらず、日本人はその精製と梱包を学んでいる。税関はもちろん最も正確に数量を表示するが、イギリスだけでも2百万ポンド以上が送られたと推定されている。この商品の輸出が益々重要になると考える十分な根拠がある[3]」

　さらに、翌々年の1862（文久2）年の状況について、モリソン領事は茶の輸出量が年間5百万ポンド（2500トン）に増加しており、「外国の商人によって設立された3つまたは4つの大きな製茶工場があり、海外市場向けの茶の精製に何百人もの人々に絶えず雇用を与えている」と報告している[4]。

　製茶工場とは、各地から集められた茶を梱包して輸出する前に、再び火いれをして十分に乾燥させるために開設された施設。大浦地区の裏通りに製茶工場を開設したイギリス人商人のなかには、ウィリアム・オルト、トーマス・グラバーやジョン・モルトビーなどがいた。オルトは、船乗りの修業や上海の税関所勤務を経て、1859（安政6）年の長崎開港直後に来崎して「オルト商会」を創設した[5]。まだ19歳の若さであった。日本茶輸出貿易の先駆者として知られる女傑、大浦慶は、ウィリアム・オルトが1856（安政3）年夏に来崎し、「直ちに巨額の注文をなせり」と晩年の上申書に記して定説となっているが、上記の英国領事館資料やオルトが家族にあてた手紙類の内容、またオルトは当年まだ16歳だったことなどを考え合わせると、上申書に示した取引の時期は大浦慶の記憶違いだったと判断できる。

　1864（元治元）年に来崎したオルトの妻エリサベスは回想録の中で、製茶工場の様子について貴重な記録を残している。以下、その一部を紹介する。

　　それは丁度お茶の季節のはじめで、近隣の農村からお茶が運ばれているころだった。お茶は生のままなので、乾燥と梱包をできるだけ早く行う必要があった。製茶は、昼夜を問わず交代で行われ、300人から400人が大きな倉庫で働いていた。男と同じぐらいの数の女も働いていたように思えた。私はある夜、夫と一緒に見に行ったが、それは一種の地獄といってもいいものだった。何百という灼熱の木炭を持つ銅鍋があり、それらの上で茶の生の葉が乾燥されていた。大きな平らなザルが左右に動かされ、お茶は一瞬の休みなく焙られていた。天井の高い建物は、何らかの松明に照らされていた。燃える木炭、茶葉からのほこりと蒸気、汗まみれの男女たち（前者はほとんど裸に近く、後者は腰まで裸で）、それはまさしく地獄のような光景だった[6]！

　1867（慶応3）年の報告書で、マーカス・フラワーズ領事は、長崎からの茶の輸出が前年に比べて初めて減少したことを伝えている。「居留地の製茶工場が依然として多数の労働者を雇い、緑茶がイギリスとアメリカへ同等に送られ輸出の最も高価な部分を占め、なお、ふる

いから集められた茶塵も中国北部で熱心な市場を維持していたものの、生産者が高い価格を要求するようになったため、全体の量が減少した」と述べている[7]。

　明治2年（1869）1月、長崎において製茶工場を営んでいたイギリス人たちはフラワーズ領事の後任、アドルファス・アネスレイ領事に連名で書簡を送り、茶貿易の諸問題について訴えた[8]。その後、アネスレイ領事が同書簡を元に書いた長い報告書は、各地の英字新聞に掲載され話題を呼んだ。茶輸出に関する部分は下記に紹介する。

　　茶は1868年よりも1869年の間に多く生産され、輸出の準備は活発に進められた。しかし、ここで火入れ、箱詰めされる量は全収穫量のほんの一部であり、大部分は荒茶の状態で中国に輸送される。それ故に、日本茶はヨーロッパの市場へ中国茶と別々または混ぜられた状態で送られるのである。これほどの量の荒茶を上海に送る訳は、ここで火入れされて木箱に詰められた状態の茶より荒茶の状態の方が、税金がかからないからである。品質は変わらないのに「バンチャ」［原文のまま］として売ることは出来なくなるのである。（中略）このような状況で茶にかかる税を撤廃すれば、業者の足並みは揃うし、現地での茶の生産を増やし、既に外国人によって運営されている製茶工場での雇用を増やし、関税の形で税関の利益を増やして地元で増加する求職者に仕事を与えるので、長崎港における貿易を発展させることができると思われる[9]。

　この頃になると、横浜と神戸も茶貿易に参入し始め、多くの外商たちが新たなビジネスチャンスを求めて彼の地へ移住し、西日本の生産者も商品を横浜や神戸に送るようになった。なお、アネスレイ領事が述べたように、茶貿易を行うイギリス人たちは、居留地で他の国籍の人口を遥かに超え、長崎・中国間の取引で有利な立場にあった中国人商人との激しい競争に見舞われていた。結果として、茶貿易はイギリス人たちの活動の中で重要性を失い、長崎居留地にたたずむ製茶工場は次第にその姿を消していったのである。

注釈

[1] C. Pemberton Hodgson, A Residence at Nagasaki and Hakodate in 1859-1860 (1861), p 26.
[2] FO 262/18/70（長崎英国領事館資料、英国国立公文書館蔵）
[3] FO 262/29/42（長崎英国領事館資料、英国国立公文書館蔵）
[4] FO 262/46/50（1863年2月18日の報告書、長崎英国領事館資料、英国国立公文書館蔵）
[5] 1860年2月3日付けの手紙で、オルトは長崎に移り住んだこと、そして商人として独立したことを初めて母親に告げている。（W・J・オルト書簡、長崎歴史文化博物館蔵）
[6] エリサベス・オルト（Elisabeth Alt）回想録　（イギリスの子孫蔵）
[7] FO 262/130/59-61（マーカス・フラワーズ領事による1867年1月31日の報告書、長崎英国領事館資料、英国国立公文書館蔵）
[8] FO 262/173/92-93（長崎英国領事館資料、英国国立公文書館蔵）
[9] 「ジャパン・ウィークリー・メール」、1870年4月30日号

世界遺産　旧グラバー住宅

明治期長崎の製茶輸出

原　康記（九州産業大学教授）

上海が長崎茶貿易の中継地

　安政の通商条約によって 1859 年に長崎・横浜・箱館（函館）の３港が外国貿易のために開かれ、1868 年に兵庫（神戸）・大阪、1869 年に新潟・江戸がそれぞれ開かれた。開港当初は、鎖国時代からの輸出品であった中国向け昆布などの海産物や欧米からの需要が大きかった生糸が、長崎からの輸出品として首位を占めていたが、海産物は箱館から、生糸は横浜から、それぞれ生産地に近い港から多く輸出されるようになった。そこで、これらに代わって、九州一円で生産される茶が長崎港の主力商品として現れ、1860 年代には最も重要な輸出品であった。

　長崎港の製茶輸出は 1872 年まで増加傾向にあったが、横浜・神戸港からの製茶輸出の発展と入れ替わりに縮小していった（表１）。

表 1　明治期製茶輸出統計

年	長崎				横浜				神戸・大阪				全国価額	量
	価額	対全国比	量	対全国比	価額	対全国比	量	対全国比	価額	対全国比	量	対全国比		
1859	13	-	2,150	-	-	-	-	-	-	-	-	-	-	-
1860	424	87	32,433	57	64	13	23,852	42	-	-	-	-	488	56,495
1861	-	-	20,551	35	93	-	37,138	63	-	-	-	-	-	58,888
1862	526	48	28,159	41	567	52	41,245	59	-	-	-	-	1,093	69,407
1863	172	30	29,442	39	403	70	45,098	61	-	-	-	-	575	74,540
1864	174	27	24,857	53	465	73	21,987	47	-	-	-	-	639	46,844
1865	158	8	24,123	29	1,777	92	59,248	71	-	-	-	-	1,936	83,371
1866	474	24	24,583	33	1,502	76	50,070	67	-	-	-	-	1,976	74,653
1867	368	19	25,112	32	1,618	81	53,941	68	-	-	-	-	1,986	79,053
1868	399	13	26,588	23	2,656	86	88,532	76	30	1	1,267	1	3,085	116,387
1869	508	25	33,850	40	1,229	61	40,968	48	282	14	9,727	12	2,019	84,545
1870	358	9	17,893	15	2,694	70	79,187	65	769	21	23,867	20	3,848	121,418
1871	482	10	26,750	19	3,356	72	95,894	67	814	18	20,327	14	4,651	142,969
1872	1,027	19	41,380	24	3,062	56	87,475	52	1,357	25	40,714	24	5,445	169,569
1873	305	7	18,965	15	3,340	69	85,047	69	753	17	19,226	16	4,399	123,238
1874	443	6	20,955	11	4,843	62	120,209	62	2,506	32	53,184	27	7,792	194,348
1875	397	6	22,841	11	4,872	70	142,482	67	1,647	24	47,997	22	6,916	213,320
1876	258	5	24,141	12	3,515	64	124,098	61	1,696	31	55,112	27	5,469	203,351
1877	169	4	19,786	10	2,641	60	113,652	55	1,599	36	73,465	35	4,409	206,903
1878	83	2	11,795	5	2,704	61	124,303	57	1,625	37	81,481	38	4,413	217,579
1879	115	2	15,058	5	4,563	61	165,189	58	2,768	37	105,769	37	7,445	286,016
1880	90	1	13,353	4	4,726	63	178,183	59	2,682	36	111,715	37	7,498	303,251
1885	48	0.7	6,896	2	4,295	62	178,398	58	2,511	37	124,042	40	6,854	309,341
1890	63	1	11,731	3	3,606	57	205,967	55	2,657	42	154,796	42	6,327	372,507
1895	62	0.7	10,031	3	5,237	59	222,934	57	3,580	40	155,272	40	8,879	388,267

注：価額の単位は 1000 ドル、量はピクル（約 60kg）、対全国比は％。

　幕末開港後、19 世紀末までの対外貿易は、そのほとんどが居留地の外国商人・商会を介する居留地貿易の形でおこなわれた。長崎港では、1859 年にアメリカのウォルシュ商会とイギリスのデント商会が製茶を輸出し、1861 年にはグラバー商会も輸出を始めた。

幕末・明治期の製茶輸出については、長崎に駐在していたイギリス領事が本国へ送った Commercial Reports（領事報告）から窺える。

　1865年の領事報告には、「茶の生産は外国の需要に応じるように大量に生産されている」とされ、茶樹の栽培が着実に増加していることが確認される地方として、肥後、久留米、大村、肥前、豊後があげられている。

　幕末開港による貿易の始まりとともに九州の茶業も発展したが、同時に粗製濫造の弊害も見られるようになった。贋造茶が史料に見えるのは1869年頃からで、長崎駐在イギリス領事M．フラワーズは、日本の商人が長崎港へ持参した茶葉に他の木の葉を混ぜていると長崎県令に抗議している。これを買い入れたイギリスの貿易商は茶の鑑定人であるにもかかわらず欺かれるほど巧妙に模造されていた。領事は、このままであれば長崎港から輸出される茶はすべて粗悪品とみなされ、製茶輸出が衰退しかねないと警告している（長崎歴史文化博物館所蔵『外務課事務簿　英国官吏往復』明治元～2年）。これらの贋造茶は柳川、筑後、島原、肥後からのものが多かったとされ、例えば、筑後地方の茶は外国人の排斥を受けて注文が絶えてしまったという（古田隆一『福岡県全誌』明治39年）。

　1862年頃の長崎港の対外貿易のほとんどは、欧米諸国との直接貿易ではなく、上海との貿易または上海を中継地とする貿易であった。開港当初、長崎から輸出される製茶は品質が良いと評価されたが、長期の輸送や保管に耐えられなかったため、欧米へ送られる前に上海で再製処理によって乾燥度を高めねばならなかった。

グラバー商会の茶貿易

　1862年にグラバー商会は長崎に茶の再製場を建てて再製茶の輸出を始め、その他の欧米商会も再製場の建設に着手している。同年には長崎に3～4カ所の大規模な再製場があり、多くの人々に仕事を与えたとされる。元治元（1864）年に書かれたと推測される「大浦茶製所江入込候日雇取共出入り改所取建御取締之儀ニ付申上候書付」という史料には、大浦居留地にイギリス商人が再製場を建て、そこに大勢の貧しい日本人を雇い入れていたことが記されている。そこで働く人々は、日銭稼ぎを目的に近辺だけでなく遠方からも来ており、1人当たり300文から400文を稼いでいたという。それらの中から人選して「改方」「勘定方」などに仕事を手分けしていた。このグラバー商会の再製場には600の竈があり、500人余が働いていたと記録されている（長崎歴史文化博物館所蔵『居留場掛書類綴込』文久3～慶応2年）。

　長崎に再製場が建てられ、再製処理ができるようになったことで、欧米の貿易商は長崎港から欧米諸国へ直接に再製茶を輸出できるようになった。長崎港から仕向け先別の正確な輸出量は不明であるが、1870～73年頃のイギリスに直送された製茶の割合は3％前後であったから、欧米向けのうち、大半はアメリカへ向けられたものと思われる。

　欧米の貿易商だけでなく、1865年には中国の貿易商が中国向けの茶を輸出していたことをイギリス領事は報告している。イギリス領事が把握していた輸出量以外に、中国人の荷主がかなりの量の未加工の茶を上海へ輸出しており、上海で別々に再製されるかまたは中国茶に混ぜ合わされてヨーロッパへ輸出された。

　こうしたことがおこなわれた背景には、当時の関税制度の問題があった。すなわち、1866

年の「改税約書」によって、日本から輸出される茶には100斤につき一歩銀3.5個の輸出税が課されることになり、長崎港から輸出される番茶（比較的安い茶）に限っては同じく0.75個と定められた。そして、日本の運上所（税関）では、未再製の茶葉は上品質のものでも番茶として低税率で通関させてしまうという慣行があったため、中国向けの安価な茶の輸出を一手に掌握していた中国の貿易商は未再製茶を低税率で輸出できた。一方、欧米の貿易商は再製場で処理した欧米向けの茶を輸出する際、一歩銀3.5個の輸出税を課されるため、中国の貿易商よりも不利であった。

1867年にアメリカのパシフィック・メイル社がアメリカ・香港間に航路を開設し、長崎・神戸・横浜にも寄港するようになった。1869年には同社は1カ月に6回、1872年には週2回、蒸気船を寄港させるようになった。また、諸藩や日本の商人が外国船を雇って不開港場に物資を輸送することがあった。こうした輸送網の発展とともに、日本の商人による茶の国内移出がおこなわれるようになった。1870年には日本の商人が各地から集めた茶を長崎の外国商人にすぐに売り込まず、神戸・横浜の相場と比較したうえで、たとえ輸送費がかかっても、有利に売れる港へ長崎から転送または産地から直送するようになった。

長崎港の製茶貿易の衰退

1872年を頂点として、長崎港の製茶輸出は下降する傾向を見せた。長崎からの茶の輸出量は1877年まで日本全体の10％台を維持していたものの、それ以降、5％以下となり、輸出金額は2％以下となった。1870年代後半には、全国的に品質低下のために海外市場で日本茶の評価が低下し、価格は低迷した。長崎港の場合、西南戦争が貿易に悪影響を与えた。茶の価格の下落は、茶の生産農家に茶の取扱いに注意を向けない傾向を引き起こすという悪循環を生じさせた。1880年代には、1882年にアメリカで贋製茶輸入禁止条例案が可決したことや、1884年に清仏戦争の影響を受けたことが長崎港の輸出に打撃を与えた。1886年に日本郵船会社が長崎・天津間に定期航路を開設したことによって中国向け製茶輸出が回復するものの、かつてのような隆盛は見られなくなった。

1880年代には長崎港は地理的に近い福岡、熊本、長崎、佐賀の諸県に茶の供給を依存していた（表2）。

表2　長崎港出荷地別製茶入荷量

出荷地	1886(明治19)年	1891(明治24)年	1895(明治28)年
福岡県	5,584(41%)	2,981(26%)	1,811(23%)
熊本県	4,833(36%)	4,726(42%)	2,033(26%)
長崎県	1,685(12%)	1,810(16%)	823(11%)
佐賀県	764(6%)	1,411(12%)	808(10%)
大分県	377(3%)	272(2%)	45(1%)
鹿児島県	17(0%)	6(0%)	0(0%)
不明・その他	266(2%)	113(1%)	2,202(29%)
合計	13,526	11,318	7,713

注：量の単位は100斤

一方、鹿児島県の茶は南西諸島に販路があり、宮崎県の茶は神戸へ送られるかまたは鹿児島を経て琉球諸島へ送られたため、長崎港への出荷はほとんどなかった。

　1870年頃に始まった九州地方の製茶の神戸・横浜港への移出はその後も続き、特に九州産の高級品の大部分は、日本の商人によって両港へ直送された。1891年の状況を全国的に見ると、最大の茶生産地となっていた静岡県のものはほとんどすべてが横浜港に送られ、近畿地方のものはかなり多くが神戸港へ送られた。一方、長崎港に近い九州各県から長崎港への出荷は比較的少なくなっていて、その傾向は1895年にはいっそう強まっている（表3）。

表3　主要出荷地別各港製茶入荷量

出荷地	長崎港		神戸港		横浜港		合計	
	1891(明治24)年	1895(明治28)年	1891(明治24)年	1895(明治28)年	1891(明治24)年	1895(明治28)年	1891(明治24)年	1895(明治28)年
静岡県	0(0%)	0(0%)	2,897(2%)	195(0%)	149,570(98%)	172,555(100%)	152,467	172,749
岐阜県	0(0%)	0(0%)	3,145(29%)	3,626(37%)	7,735(71%)	6,227(63%)	10,880	9,851
三重県	0(0%)	0(0%)	20,075(32%)	32,466(59%)	46,618(68%)	22,694(41%)	62,693	55,160
滋賀県	0(0%)	0(0%)	13,272(98%)	10,185(97%)	311(2%)	262(3%)	13,583	10,446
京都府	0(0%)	0(0%)	33,729(99%)	31,349(98%)	305(1%)	522(2%)	34,034	31,871
福岡県	2,981(24%)	1,811(12%)	8,936(70%)	11,281(97%)	769(6%)	2,178(14%)	12,687	15,270
佐賀県	1,411(77%)	808(44%)	428(23%)	1,046(56%)	0(0%)	0(0%)	1,839	1,854
熊本県	4,726(64%)	2,033(32%)	830(11%)	2,028(32%)	1,887(25%)	2,301(36%)	7,443	6,363
長崎県	1,810(54%)	813(44%)	1(0%)	955(51%)	1,572(46%)	95(5%)	3,383	1,864
大分県	272(14%)	45(3%)	1,717(77%)	1,712(96%)	20(1%)	18(1%)	2,009	1,774
宮崎県	0(0%)	0(0%)	1,074(100%)	1,123(100%)	0(0%)	0(0%)	1,074	1,123
鹿児島県	6(40%)	0(0%)	8(60%)	32(94%)	0(0%)	2(6%)	14	34
合計	11,318	7,713	150,616	152,683	251,333	242,420	413,267	402,817

注：量の単位は100斤。出荷地の合計欄は上記出荷地以外からのものも含む。

　九州の商人があえて神戸・横浜に出荷した要因は、各港における相場の差である。九州産の茶は他の地方の茶と混ぜ合わせるという目的に適しているため、しばしば長崎港よりも神戸港・横浜港で高い相場を実現した。この背景には、海運業の発展があった。大阪商船会社が1884年に開業し、大阪から瀬戸内海を通って九州東西沿岸に至る航路を開設した。1893年には日本郵船会社も横浜・長崎・熊本を10日に1度航行させるようになった。

　こうして長崎港の製茶輸出はますます縮小し、茶の輸出に従事する欧米の貿易商も減っていった。英字新聞 The Nagasaki Express によれば大手の製茶輸出商であったオールト商会は1872年に再製用具を競売にかけており、グラバー商会の業務の一部を引き継いだヘンリー・グリブル商会も1878年に再製場を競売にかけている。結局、グラバー商会の業務を引き継いだホーム・リンガー商会だけが大正期まで製茶輸出を続けた。

　幕末期には長崎港の茶はアメリカ、イギリス、上海へ送られていたが、1878年頃からその多くは天津に向けられるようになった。そして、1882年にアメリカ議会で贋茶輸入禁止条例が可決すると、他港よりも低品質の茶が多かった長崎港の製茶は天津を輸入港とする中国北部向けに限られるようになった。天津港に輸入される日本の茶は上等品ではなく、現地の茶商人はその日本茶を中国茶に混ぜて販売した。

　製茶輸出の低迷に対して日本の商人が組織的な対応を試みている。1884年に「茶業ノ改良」をはかるためとして地元の茶商人が長崎区貿易茶業組合を長崎区油屋町に設立した。これは、区内で製茶貿易に従事する全員の加入を義務付け、品質管理のため取締所を設け、組合員は

同所の検印を受けなければ茶を外国貿易商に売り込むことはできないとするものであった。しかし、これに従わずに密かに売り込みを試みる組合員が現れ、また組合に加入せずに中国商人に製茶を売り込むことが問題となった。その後、1885年3月に九州連合製茶販売商社が地元の商人によって長崎区西浜町に設立されたが、事業に至らないまま解体となった。

　1886年5月に長崎製茶貿易商社（第一次）が地元の有力な貿易商によって長崎区築町に設立された。同社は地方からの送荷を受けて外国人貿易商に売り込もものであったが、地方税が課されることになったことを機に、1887年3月に解散となった。そして、同年5月に再び無資本の長崎製茶貿易商社（第二次）が地元製茶貿易商によって同じ築町に設立され、12月に製茶会社に改称した。同社は単なる外国人貿易商への売り込みだけでなく、直輸出もおこなっている。1887年春頃から天津へ茶を直輸出し、10月には芝罘（現在の山東省煙台）へも直輸出して好感触を得た。さらに同社は長崎区内に製茶場を建設し、アメリカ・カナダへも直輸出をおこなった。同社は1890年12月に廃業となったが、その間の経緯は不明である。

　1898年12月に九州の有力な茶商が中心となって九州製茶輸出株式会社を長崎市内銅座町に設立している。同社は翌1899年3月に開業し、ロシアのウラジオストクに支店、ハバロフスクに出張所を開設して九州産の磚茶を輸出した。同社は好成績の時期もあったが、銀価下落の影響でしだいに売れ行きが悪化し、日露戦争期には輸出が途絶した。結局、中国産磚茶に対抗し得ず、1909年のウラジオストク自由港閉鎖の影響を受け、1911年には「営業休止ノ姿」となった。

小括

　明治期に交通網の整備が進むとともに、比較的品質の良い九州産の茶の多くは直接横浜・神戸へ送られるようになり、一部が長崎港に集められて欧米貿易商の手で再製されて欧米市場へ向けられた。大陸に近い長崎港には中国市場向けの低価格の茶が多く集まるようになったが、中国人貿易商の有利さのゆえに日本人貿易商が対等な取引を実現することは容易ではなかった。しかも粗製濫造が状況をより困難なものにした。そこで、長崎の貿易商と九州の茶商は、組織化を図って組合や商社を設立した。しかし、組織の弱さや資本の小規模さのために、長期に渡って有効に機能しなかった。

　日清戦争を機に日本の大陸進出が進み、新たな製茶市場としてロシアが注目されるようになると、長崎の貿易商と九州の茶業者は製茶輸出会社を組織してロシアへの直輸出に乗り出したが、その経営は小資本のゆえに長期に渡って安定的ではなかった。結局、明治期長崎港の製茶輸出においては、対欧米、対中国、対ロシアのいずれの面でも地元の貿易商が主導しての発展は実現し得なかった。

参考文献

拙稿「幕末―明治中期の長崎における製茶輸出」（九州大学経済学会『経済学研究』第54巻第6号 1989年）
拙稿「明治期長崎港における製茶輸出組織の変遷について」（『九州産業大学商学会『商経論叢』第37巻第1号 1996年）

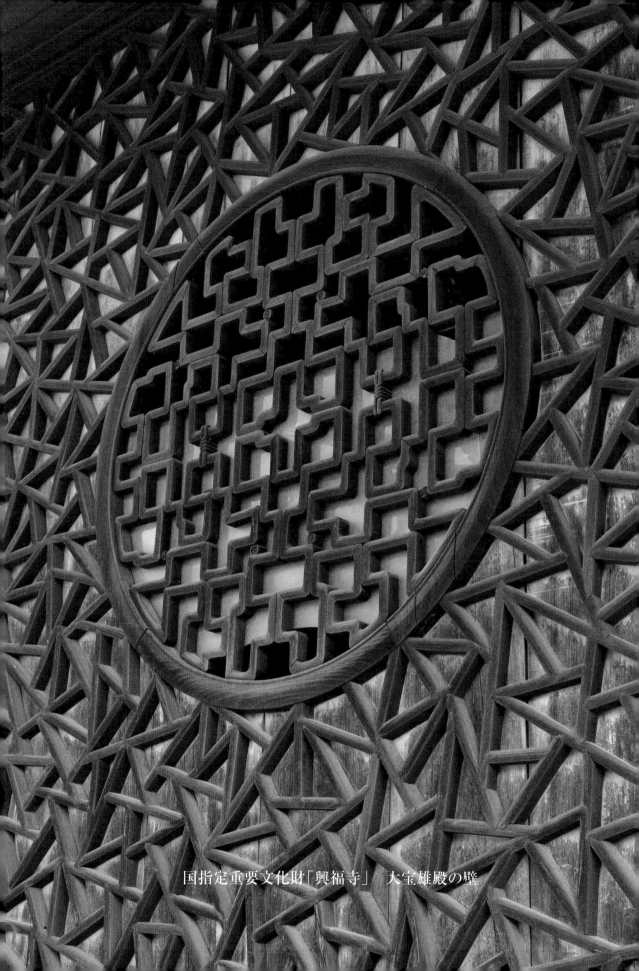

国指定重要文化財「興福寺」 大宝雄殿の壁

興福寺（黄檗）のお茶

松尾法道（長崎興福寺住職）

　興福寺は、元和6年（1620）創建の日本最古の唐寺で、日本に黄檗宗や煎茶を伝えた隠元隆琦禅師の初登宝地です。

　隠元禅師の渡来は、仏教界に新風を吹きこむとともに、中国明朝の先進文化を日本に伝えて大きな貢献をもたらしました。禅師とともに来日した人々、また禅師を慕って渡来した中国僧達は、書、絵画、建築様式、象嵌、篆刻、印鑑、明朝体文字などの精神に精通し、その知識や技術に優れていました。

　また、食の面でも「インゲン豆」や茄子、落花生、蓮根、もやし、西瓜、孟宗竹などの食材が禅師によって伝わりますが、新しい食材の伝来とともに中国式の料理法や形式が日本に移入されたのも自然なことでした。

　禅師が伝えた黄檗宗では、「茶礼（されい）」という儀式があり、法要の前に式衆一同が集まり、茶を飲んで打ち合わせをします。どんな小さな法要でも茶礼なしには法要はなりたたないと言われるほど重要な儀式であり、禅僧達にとってお茶は日常欠かせないものとなりました。

東明山興福禅寺

中国起源とされるお茶の歴史はたいそう古く、雲南省の山中には、樹齢800年の茶樹が今も現存、また唐代に茶聖陸翁が記した「茶経」はお茶のバイブルとして読み継がれています。

　お茶といえば、宇治や静岡と云われますが、お茶の伝来を遡れば、鎌倉時代、栄西禅師が南宋から茶種を持ち帰り福岡と佐賀の県境の背振山に植えたのが始まり。その茶樹が京都郊外の栂尾に移植され、やがて京都、奈良、宇治、三重、静岡、川越（埼玉県）等へ伝播したといわれています。ですから九州各地にたいそう美味しいお茶が採れるのも道理で、県内は東彼杵町が優れたお茶を産し愛好されています。

　しかし、日本伝来当時、お茶は高貴な人々の飲み物として、また薬湯として用いられていて、それを一般に広めたのは隠元禅師で、禅師を煎茶の祖と言わしめている所以です。禅師が開いた京都の黄檗山萬福寺には、今も禅師が持参した茶罐（ちゃかん）が大切に保存されています。宜興窯（ぎこうよう）の紫泥のおおぶりの茶壺（日本式には土瓶）で、禅師はたっぷりのお茶をいれて皆にふるまっていたのでしょう。

　新茶のころ、興福寺では日本文化に多大な影響を与えた禅師の偉業を顕彰するために、毎年「茶市〜興福寺文化祭」を開催しています。

　当日の早朝、東彼杵町より摘み立ての新茶が運び込まれ、本堂での献茶式でご本尊と隠元禅師に新茶が供えられます。続いて郷土史家の原田博二先生の講演、境内では大釜での新茶の釜炒りと手揉みの実演と体験、新茶の入れ方教室等が行われ、観て、学んで、味わって楽しい茶市の一日を過ごしてもらいます。

　禅師持参の茶罐の胴体には、以下の漢詩が刻まれています。

茶熟して清香有り
（清らかな香りのする、美味しいお茶が入った）

客到るは一に喜ぶべし
（丁度良く客人がやって来た。なんと嬉しいことだろう）

　ゆったりとした幸せなお茶の時間を、客人と共に分かち合う喜びが表現された一首です。

長崎平戸から発信〜武家茶とその教育

嶋内麻佐子（長崎国際大学　茶道文化研究所所長・特任教授）

「鎮信流」の源流

　日本の西端、長崎県平戸には、江戸時代から始まった武家茶道鎮信流がある。鎮信流の流祖である松浦家第29代当主松浦鎮信公（天祥）は、若い頃より茶を好み、その基盤を片桐貞昌（石州）ら多くの大名茶人を通して一流儀をなした。鎮信公自身が大名という立場上、直接弟子を取って教えることができず、平戸藩の家老、豊田忠村を中心とした茶堂が明治に至るまで代々伝承・伝授に努めていくことになる。

　鎮信公の著書『茶湯由来記』に鎮信流の特徴が示されている。「文武は武家の二道にして、茶湯は文武両道の内の風流なり。さるによって柔弱をきらふ。つよくしてうつくしきをよしとす。」とあり、武士としての茶のあり方が記されている。さらに武家茶であるがゆえに階級的要素が存在する茶の形式もあり、大名は大名らしく、町人は町人らしくという「分相応」の茶の考え方は石州の教えでもある。また、松浦家第34代当主松浦清公（静山）は『甲子夜話』の著者であり、文人大名とも言われたが、同時に剣の達人でもあった。静山公が極めた形「心形刀流」は、自らを厳しく見つめることで自分の弱さを知り、それを徹底して鍛えるという自己修養の意味を持ち、その考えは武家茶道鎮信流の精神に通じるものである。

　鎮信流が発祥した平戸の歴史を見てみると、平戸は古くより外国船が多く到着し、朝鮮半島や中国、ヨーロッパ諸国との交易が盛んで、お茶や砂糖の伝来など茶道にゆかりのある地域である。特に近世の西洋貿易においては、慶長14年（1609）にオランダ船が、また慶長18年（1613）にウィリアム・アダムス（三浦按針）の案内でイギリス船クローブ号が入港し、平戸にはオランダ商館とイギリス商館の2つが構えられることになった。時に、松浦家第26代当主松浦鎮信公（法印）や第28代当主松浦隆信公（宗陽）の時代の頃である。

現代の「鎮信流」海外との交流

　このような歴史的背景もあり、鎮信流は現代においても海外とのつながりを大切にし、現当主松浦家第41代松浦章公（宏月）は様々な方面で交流を行っている。平成13年（2001）にはフランスのギメ美術館のリニューアルオープンに際して茶会を催し、コレクションの中にある法隆寺の仏像へ献茶がなされた。この時の正式な茶室では武家茶道を強く表現すべく、宏月公を中心に男性で構成したもてなしを行った。ここで振る舞ったフランスの栗のペーストと彩に日本の栗の黄色をあしらった手作りのお菓子は、とても好評であった。平成21年（2009）には日蘭通商400周年記念行事として、日本とオランダの両国において様々な茶会が執り行われ、同年9月には、オランダのハーグにある日本庭園にて、長崎オランダ商館長を務めたアイザック・ティッツィンと、平戸との交易の最盛期に松浦家当主であった天祥公に対して献茶が行われた。平成25年（2013）には、平戸イギリス商館設置400周年に伴い、

按針が洗礼を受けたイギリスのメドウェイ市ジリンガム、メアリ・マグダレン教会において按針と法印公への献茶が行われ、市長夫妻や現地の方々にお茶を振る舞った。また、平戸との交流があるチャタム・グラマー・スクールでは、点前披露とワークショップを実施したところ、静かに点前に見入る生徒たちの姿が印象に残っている。平成28年（2016）には、松浦家第35代当主松浦熈公（観中）が書き留めた『百菓之図』に関心を持った日本人アートディレクターの発案で、2組のオランダ人クリエイターと平戸の菓子職人が"Sweet Hirado・東西百菓之図"というプロジェクトを興し、東西の融合が見られる新しいお菓子が製作された。完成したお菓子は同年、平戸のオランダ商館と東京のオランダ大使館にて開催されたオランダ茶会で発表された。また、平成30年（2018）には、オランダアムステルダムで行われた「MONO JAPAN」にても振る舞われ、まさに平戸の文化や伝統が世界に発信された瞬間であった。

　海外とのつながりがある一方で、日本国内での鎮信流の振興にはどのような動きがあったのかを紹介しよう。松浦家第37代当主松浦詮公（心月）は、明治中興の祖と言われており、明治維新後の日本の茶道の復興に努めた。明治26年（1893）には、邸宅であった鶴カ峯邸（現、松浦史料博物館）の庭の一角に草庵の茶室「閑雲亭」を建て、流儀や身分に関係なく茶道錬磨の道場とした。現在は近隣の小・中学生や観光客に対して、殿様が愛した復元菓子と抹茶を提供している。そして心月公は学校茶道にも尽力し、女子学習院や日本女子大学などの学校で女子教育の一環として教授している。

茶室「閑雲亭」

九州文化学園と「鎮信流」

　この長崎県平戸にゆかりの深い鎮信流の考えを教育の理念として学校茶道に取り入れているのが、学校法人九州文化学園である。昭和20年（1945）12月、前身となる九州文化学院が創立され、そこで創立者の安部芳雄氏と後に松浦家第40代当主になる松浦素公（祥月）との出会いが、茶道教育への始まりであった。

　「茶道文化」の原点は、芳雄氏が昭和46年（1971）に高校のクラブ活動として茶道部を発足させたことである。その後、「茶道文化」が正式な講座として認定され、本学園の教育の要として位置付けられることとなった。創立者の意志は、現理事長である安部直樹氏に引き継がれ、学園内の様々な学校にて現在まで脈々と受け継がれている。そして、平成31年（2019）に新設された九州文化学園小・中学校にも、「日本文化教育」として茶道を学ぶ時間が週に1回設けられている。

　鎮信流発祥の平戸は、歴史的に見ると海外との交易が盛んな地域であり、鎮信流は明治期には学校茶道として、そして現代においては国際的な交流に取り組みながら武家茶道は現在まで受け継がれている。本学園も茶道を地域振興に活かした取り組みとして、茶道大会（約1,300名の客が参加する佐世保の風物詩）や、ハイスクール茶会（ハウステンボスにて約2,800名の客に長崎県内の高校茶道部が呈茶）に携わっている。茶道教育を通した人間形成に注力することで、地域にゆかりのある武家茶道鎮信流の精神の継承を目指している。

参考文献

松浦素『茶湯由来記』浪速社（1969）
松洽会東京支部『松洽』第十九号、松洽会事務局（2010）
松洽会東京支部『松洽』第二十四号、松洽会事務局（2015）
松洽会東京支部『松洽』第二十六号、松洽会事務局（2017）
松洽会東京支部『松洽』第二十八号、松洽会事務局（2019）
70周年記念誌編集委員会『九州文化学園創立70周年記念誌　未来への地域づくりと人づくり』九州文化学園（2015）

ニッポンの"茶レンジ"は続く

平野久美子（ノンフィクション作家）

進化を遂げた海外お茶事情

　先日、我が家の近くの山下公園で、外国人のグループがスマホで観光地情報を確かめながら談笑していた。彼らのリュックや手提げには揃って緑茶のペットボトルがのぞいている‥‥‥。いまや日本観光にペットボトル入りのお茶は欠かせないようで、玄米茶やほうじ茶、地方の番茶 にも人気が広がっている。日本で知ったお茶の魅力をＳＮＳで情報を発信したり、個人的に ネット販売をする外国人が増えているのも、ここ十年来のインバウンド（訪日外国人客）ブームの効果の現れだろう。

　中でもアイスクリームや各種デザートからさまざまな料理に使える健康的な食材として注目されている MATCHA（抹茶）は、新しい世界を拓いた。例えば、ミルク入りの「抹茶ラテ」が各国のカフェの定番メニューになっているし、地元の食材と合わせたデザートもいろいろ開発されている。

　海外での日本茶人気は、茶商たちの長年の努力によるところが大きいけれど、茶農家たちも新しい需要を掘り起こしている。香りのよい棒ほうじ茶を『スターバックス』に提供して生まれた「ほうじ茶ラテ」は人気だし、２０２２年夏には、地元フラペチーノシリーズのひとつとして「石川いいじ棒ほうじ茶フラペチーノ」が、今までにないほうじ茶の味わいを引き出したと話題になった。「いいじ」とは、石川県の方言で「いいね」の意味。なかなかのネーミングではないか。

　こうした話しを聞くにつけ、私は隔世の感を禁じ得ない。というのも 1970 年代末に米国西海岸でスノッブな寿司バーに出かけたら、あがり（の緑茶）にミルクと砂糖が添えられていた。1980 年 代半ばのパリでは、左岸のサロン・ド・テが「テ・ジャポネ」（日本のお茶）と銘打って北アフリカからのガンパウダー（蒸し製玉緑茶。ぐり茶とも言う）を平気で出していた。

　日本企業が世界に進出した 1990 年代以降は、世界的な健康ブームも相まって、日本産の緑茶が欧米各国の専門店に常備されるようになった。しかし、高温と湿度に弱い緑茶の保存状態がよくないために、緑茶の持つ馥郁たる香りや切れのよい味わいは望めなかった。

あっぱれな大浦お慶

　各国の日本食レストランやサロン・ド・テで日本から届いた緑茶を味わうたびに、幕末に,本格的な緑茶の輸出業者として活躍した女性、そう、長崎生まれの大浦お慶（1828 ～ 1884）の挑戦と苦労に思いをはせずにはいられない。彼女は、裕福な老舗の油問屋に生まれたものの、実家が 1843（天保 14）年の大火で大損害を被り、油から茶を売る商売に転じ、幕末の長崎で貿易商として独り立ちした。やがてお慶は、佐賀県嬉野産の釜炒り茶に目をつけ、出島のオランダ人の協力を取り付けてお茶の見本をヨー ロッパへ送付。英国商人からの大量の注文が舞

い込むと、お慶は九州一円からお茶を集めて長崎から大々的に輸出した。横浜で茶貿易が始まる3年前の1856（安政3）年のことだった。以後持ち前のチャレンジ精神と実直な商いで事業を拡大、茶商としての実力は内外に知れ渡った。

お慶は、先見性に富んだ女性実業家だった。臆することなく居留地の商人と渡り合い、九州産の茶の優れた品質と味わいを、試供品や説明書を用意して説いてまわった。さらに長崎の街に茶畑を作り、自宅に製茶所を設け、各地から集めてきた糸に火入れをして品質劣化を防いだ。扱う商品に込めた愛情とプライドが、思い切った発想と細やかな顧客対応を生み、商売を成功へ導いたのである。

実際、幕末から1888（明治20）年あたりまで、茶葉は日本の輸出品総額の約15％を維持し、ピーク時には40％に及ぶほどだった。生糸とともに外貨獲得の役割を果たしたお茶は、近代国家として船出した日本の経済成長に貢献をしたのである。彼女の行動こそが、日本茶を世界市場へとデビューさせ、現在も続く"茶レンジ"の原点といえる。

数字が表す日本茶の人気

2021年度の日本茶の全輸出量は約6180トンにも上っている（日本茶輸出促進協議会調べ）。最も輸出量が多い国はアメリカ合衆国だが、その次にドイツ、台湾と続き、以下およそ100カ国で愛飲されている。輸出量が伸び始めた2005（平成17）年には、初めて輸出量が1000トンを超え、売り上げ総額は約143億円に上った。ちょうどこの頃から、緑茶や抹茶に多く含まれるカテキンやポリフェノールに抗酸化効果、抗ガン作用、ダイエット効果があること が科学的にも証明されて、世界各国でさかんにお茶の効能が報道された。ほうじ茶の香り成分に含まれるヒラジンは、リラックス効果があるとも言われ、茶の主要成分であるカテキンやポリフェノールには、認知症やパーキンソン病などにともなう脳神経の劣化を 予防する働きがあることがわかってきた。

健康志向の強い欧米での人気 は年々高まっている。

さらなる付加価値を求めて

　だが、日本茶の魅力は健康効果だけではない。

　2022 年の年末に、4 年ぶりに訪問したリトアニアの首都ヴィルニュスのウジュピス地区で
は、日本に留経験を持つ女性オーナーが本格的な日本茶専門店『yugen』を経営していて、時
の流れを痛感した。彼女は宇治の茶農家で栽培や製法も学んだというだけあって、その知識
は本物であった。またフィレンツェ在住の知り合いのカップルは、地元はもちろんよく彼ら
が訪れるパリにも行きつけの喫茶店を持っているほど。 彼らもまた、日本へ来るたびに日本
人の喫茶文化や茶の精神性にとりつかれた。

　1191（建久 2）年に栄西が宋から帰国して 茶の普及を始めてから、日本の喫茶文化は独自

の進化を遂げた。お茶をたしなむことは、生活の美学そのものである。お茶の旨さや品質の良さがわかる成熟したマーケットが、日本には形成されている。

　若者なら互いに打ち解け合うためにアルコールを飲み合うのもよいだろう。しかし、成熟した年齢になれば上質なお茶を淹れ、ゆっくりと豊穣な時間を過ごすほうが大人の流儀にかなっている。 人生経験が豊富になれば、一枚の茶の葉から大自然の息吹や宇宙の奥義を感じとることができるようになるだろうし、茶飲み友達のありがたさも身に染みる。

　日本茶は心身に安寧をもたらす優れた飲み物である。世界的な高齢化社会や SDGs の流れにのって、今後ますます「茶レンジ」を続けてほしい。 自然の滋養に満ちた、心を潤す飲料として愛されるためにも・・・。

撮影 PHOTO ／ David ABOLAFFIO
Lina TANG　Shino YANAGAWA
Kumiko HIRANO

協力 SPECIAL THANKS/
　　『Tea bar YUGEN』Vilnius
　　『毛青茶室』台北
　　『ChachaMatcha』New York
　　『Boutique de thé vert Jugetsudo』Paris

執筆者プロフィール

姫野 順一
長崎外国語大学　学長　九州大学大学院経済学研究科博士課程単位習得退学、博士（経済学）九州大学。専門は経済学史、知性史。長崎大学名誉教授・元長崎大学附属図書館長、ケンブリッジ大学クレア・ホール終身会員。
主著『J.A. ホブスン人間福祉の経済学』昭和堂 2011 年、『龍馬が見た長崎』朝日選書 2009 年、『古写真に見る幕末明治の長崎』明石書店 2014 年、共著『マルサス　ミル　マーシャル：人間と富の経済思想』昭和堂 2013 年、『知的源泉としてのマルサス人口論』昭和堂 2019、監修『長崎英学史』長崎文献社 2020 年、『外国語教授法のフロンティア』長崎文献社 2021 年、翻訳「福祉経済学者としての J.A. ホブソン」『創設期の厚生経済学と福祉国家』ミネルヴァ書房 2013 年所収など。
第 1 回ブラタモリ（長崎）（2015 年 4 月 11 日、NHK 総合）出演、NCM 番組「長崎古写真ライブラリー」レギュラー。

島田 竜登
東京大学大学院人文社会系研究科准教授。ライデン大学 PhD。南・東南アジア史、グローバル・ヒストリー。主な著作 に The Intra-Asian Trade in Japanese Copper by the Dutch East India Company during the Eighteenth Century, Leiden: Brill, 2006、編著『1683 年 近世世界の変容』『1789 年 自由を求める時代』（いずれも山川出版社、2018 年）、共編著『構造化される世界：14 ～ 19 世紀』岩波講座世界歴史第 11 巻（岩波書店、2022 年）。

宮坂 正英
1954 年(昭和 29)長野県茅野市生まれ。長崎純心大学人文学部及び同大大学院教授を歴任。現在：長崎純心大学客員教授、ドイツ・シーボルト協会理事、国立歴史民俗博物館共同研究員。専門：ブランデンシュタイン家シーボルト関係文書の調査・研究。

野田 雄史
中国古典文学研究者。長崎外国語大学教授。
5 歳の時に初めて玄米茶を飲んで以来、玄米茶のおいしさにハマって毎日飲み続ける。29 歳の時に中国に留学し中国茶のおいしさに目覚める。以後、中国に行くたびにキロ単位で茶葉を買って帰り、茶葉問屋からは茶の小売商だと思われている。一番好きなのは英徳紅茶。
専門は楚辞、中国語教育、近世近代の石刻漢文。

森永 貴子
北海道大学文学研究科助教（2007 ～）、立命館大学文学部准教授（2010 ～）、同教授（2016 ～現在）。主要業績：『ロシアの拡大と毛皮交易』（彩流社、2008）、『イルクーツク商人とキャフタ貿易』（北海道大学出版会、2010）、「清の門戸開放後におけるロシアの茶貿易」『論集 北東アジアにおける近代的空間の形成とその影響』（明石書店、2022）その他

井上 治
嵯峨美術大学教授。京都大学大学院文学研究科博士後期課程修了。博士（文学）。著書に『花道の思想』（思文閣出版、2016 年）、『歌・花・香と茶道』（淡交社、2017 年）、『茶と花』（熊倉功夫氏と共著：山川出版社、2020 年）、訳書に『MTMJ：日本らしさと茶道』（黒河星子氏と共訳：さいはて社、2018 年）など。

若木 太一
1942 年生まれ。長崎大学名誉教授。専門は近世文学・長崎学。編著に『長崎・東西文化交渉史の舞台』勉誠出版、2013 年、共編著に『長崎聖堂祭酒日記』関西大学東西学術研究所、2010 年、論文に「唐通事林道栄の生活と文事―雅俗訳通―」『国語と教育』32 号、2007 年、「長崎の儒学と国学」『新長崎市史』第二巻近世編・第八章二節、長崎市、2012 年などがある。

ロバート・ヘリヤー
スタンフォード大学で博士号取得。米国ウェイクフォレスト大学で日本近世・近代史の教授。江戸・明治時代の日本の対外関係がテーマの出版実績多数。最新作は『Green with Milk and Sugar: When Japan Filled America's Tea Cups』日本語版『海を越えたジャパン・ティー』原書房、2022 年。

本馬 恭子
女性史研究者。長崎県生まれ。東京大学文学部卒業（国語国文学科）。同大学院修士課程修了。長崎県立および私立高等学校（国語科教諭）、また活水女子大学文学部日本文学科に勤務。長崎新聞のコラム「海風だより」「私の誌面批評」など執筆。著書『大浦慶女伝ノート』『徳恵姫　－李氏朝鮮最後の王女―』（葦書房）

原口 泉
1947 年鹿児島市生まれ。東京大学文学部卒・同大学院博士課程単位取得。現在、志學館大学人間関係学部兼法学部教授・鹿児島大学名誉教授・客員教授。第 24 代鹿児島県立図書館館長。県文化協会会長。県歴史・美術センター黎明館顧問。NHK 大河ドラマ「篤姫」など時代考証。朝日新聞「維新、それから～歴史発見」連載中。（156 字）

佐野 実
国士舘大学 21 世紀アジア学部講師。一橋大学大学院経済学研究科博士後期課程修了、博士（経済学）。長崎県文化観光国際部文化振興課主任学芸員等を経て 2020 年 4 月より現職。専門は，近代中国経済史。論文に「利権回収運動と辛亥革命」（辛亥革命百周年記念論集編集委員会編『総合研究 辛亥革命』岩波書店、2012 年）等。

ブライアン・バークガフニ
1950 年カナダ・ウィニペグ市で生まれる。1972 年来日。1973 年から 1982 年まで、京都の妙心寺専門道場等において禅の修行を積む。1982 年、長崎市に移住。1985 年長崎市嘱託職員に就任。1996 年長崎総合科学大学教授に就任。2007 年博士号（学術）取得。2016 年度長崎新聞文化賞受賞。現在、長崎総合科学大学特任教授、グラバー園名誉園長。

原 康記
1960 年、福岡県生まれ。1988 年、九州大学大学院経済学研究科単位取得退学。
1992 年、九州大学石炭研究資料センター助手。1994 年、九州産業大学商学部講師。
1997 年、同助教授を経て 2009、同教授（現職）。主な著書に長崎市史編纂委員会
『新長崎市史　第三巻近代編』長崎市、2014 年（共著）がある。

松尾 法道
1950 年 11 月 10 日長崎市生まれ。興福寺の庫裡で生まれる。京都花園大学文学部仏教学科卒業後、黄檗宗大本山萬福寺修業道場に入堂。1975 年東明山興福寺第 32 代住職に就任。1976 年～ 1989 年長崎女子商業高等学校非常勤講師として勤務。1994 年～ 1999 年長崎玉木女子短期大学非常勤講師として勤務。1968 年海星高校在学中ロータリークラブ招待留学生としてアメリカルイジアナ州アレキサンドリア市州立ボルトン高校へ留学。アレキサンドリア市名誉市民。著書『龍がすむ赤寺の教え「運気の代謝」がある！日常作法のコツ』文藝春秋。

嶋内 麻佐子
長崎県佐世保市出身。
西南学院大学大学院　文学研究科国際文化専攻修了　修士（文学）。
平成 21 年 4 月～令和 2 年 3 月、長崎国際大学人間社会学部国際観光学科教授。
現在、同大学特任教授および茶道文化研究所所長、茶道鎮信流九通伝授（茶道師範）、平成 24 年より NPO 法人茶道鎮信流梶の会幹事。
主として、武家茶道鎮信流を通した茶道教育に従事。

平野 久美子
ノンフィクション作家。東京都出身。学習院大学仏文科卒業。学生時代から各国を巡り、多角的にアジアと日本の関係をテーマに作品を発表。中国、台湾、東南アジアなど各国の喫茶文化にも興味を持ち「恋に効くお茶」「中国茶風雅の裏側」などを発表。数年前から長崎へも足を運び、近代史からこの街を調査する。『牡丹社事件・日本台湾 それぞれの和解』『トオサンの桜・台湾世代からの遺言』『水の奇跡を呼んだ男』『テレサ・テンが見た夢・華人歌星伝説』『台湾世界遺産級案内』『リトアニアが夢見た明治日本』など著書多数。日本文藝家協会会員、（社）「台湾世界遺産登録応援会」顧問。

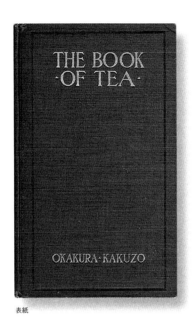

表紙　　　　　　　　　　　　　背表紙

岡倉天心

THE BOOK OF TEA
『茶の本』

1906 年初版

1906（明治 39）年、ボストン美術館の中国日本
部長をしていた岡倉天心（覚三）は、ニューヨーク
の 出 版 社 Fox Duffield & Company 社 から
THE BOOK OF TEA『茶の本』を出版した。
この本は、アメリカで初めて日本美術を論じ
たジョン・ラ・ファージに献呈されている。
日常生活の俗事のなかに美を目指す茶道について、
禅の「自性了解」の考えを理想としていること
を説き、茶の歴史、茶室、美術鑑賞、花、茶の
宗匠を紹介するとともに、日本文化における
日本の茶の文明史的な意義を解説した。各国
語に翻訳され世界のベストセラーとなった。

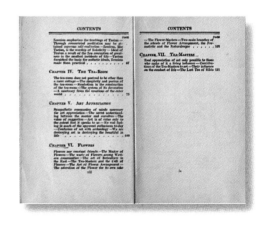

第 3 部

アメリカ議会図書館
コレクション

Part 3 | **Libraray of Congress**
　　　　Collections

アメリカ議会図書館コレクション

明治期 アメリカ人が初めて見た
神秘な日本茶ワールド

所蔵品一億点以上の中から発見した日本茶にまつわる貴重な画像を公開

解説 ｜ 姫野順一　前田 拓

Libraray of Congress
Collections

1

アメリカ議会図書館所蔵
ステレオ・グラフィックスに見る
日本茶の生産工程

　1884（明治 17）年にアメリカで制定された贋茶輸入禁止条例（Act to Prevent the Importation of Adulterated and Spurious Teas）により、輸入茶における不良茶や着色茶が追放されることとなり、アメリカへの日本茶の茶輸出は一旦激減した。日本では、前田正名や大谷嘉兵衛といった指導者の提言により、茶生産業者が危機感を持って同業組合を結成し、着色茶や不良茶の追放が手掛けられた。またこの間、茶の耕作、収穫、乾燥、保存作業の改善が進められた。

　1890 年代末には、茶製造において煎り過ぎない、無着色で馥郁（ふくいく）な、自然の緑色茶の生産改善が進み、「本当の日本茶」の輸出の回復が始まった。1893 年のシカゴ万博における日本茶の銀賞、1898 年のオマハ万博で金賞受賞したことをきっかけに、アメリカ中西部の消費者に拡大し、1904 年のセントルイス万博における日本茶庭園の出展や、1906 年のサンフランシスコ金門橋公園の日本茶庭園建設、ニューヨーク・ブルックリンのルナパークにおける日本茶庭園での日本茶の実演販売により、アメリカにおける日本茶の需要が喚起された。日本茶はリプトンの紅茶や中国の煎茶と競合しながら、日本茶のアメリカ輸入が次第に増大した。

　ボストン美術館の中国・日本美術部長であった岡倉天心が、日本の茶道を普及するために、ニューヨークの出版社 Fox, Duffield & Company から出版した『茶の本』（1906 年）は、アメリカにおける日本茶への関心を高めた。このような日本茶ブームのなかで、「本物 authentic の日本茶」と、その製造過程についての関心が高まった。

　ヨーロッパやカナダに支店を持つアメリカのステレオ写真メーカーの老舗アンダーソン・アンド・アンダーソンは、1900 年までに日産 25,000 枚という大量のステレオ・グラフスを生産していたが、関心が集まる日本茶の生産シーンをステレオ・グラフスに仕立てて各地で販売した。

　ステレオ・グラフス（ステレオ・グラフィックス、ステレオ・ビューズまたはステレオスコピック・カードと呼ばれた）とは、2 眼のカメラで撮影した 2 枚のステレオ・カードを、ステレオスコープ（立体鏡：左眼と右眼それぞれからの見え方を再現する画像ペアを、単一の3次元画像として見るための装置）で覗いて3D映像を楽しむ一対の写真である。

　ここで紹介するステレオ写真（3D立体写真）は、日本茶ブームを背景にして巻き起こった日本茶の製造過程についての関心に着目した、写真映像会社が製作したステレオ・グラフスである。この貴重な画像群がアメリカ議会図書館に収蔵されていることが判明した。今回、それぞれの画像は、日本茶の製造工程におけるオーセンティシティ（真正性）を表現している。このような明治末期の日本茶の製茶工程は、これまで映像として知られてこなかったものであり、今回初めて解説を付けて公開する。茶史の映像歴史資料として活用されることを期待したい。

日本の素晴らしい農業資源 ｜ 足久保平野の田園地帯と山腹の茶畑　1907年

The marvellous agricultural resources of Japan - acres of tea plantations on the hillsides, rice fields on the plains, Ashikubo 1907　H. C. White Co., publisher

アメリカ人は、日本の端正な田園風景と茶畑を"Marvellous素晴らしい"と称賛している。"Ashikubo足久保"は静岡の茶発祥地である。

収穫の準備 ｜ 足久保における広大な茶畑　1907年

Ready for the harvest - an extensive tea plantation at Ashikubo, Japan 1907　H. C. White Co., publisher

茶摘みの風景。平野を望む山腹におけるのどかな茶畑の風景は、アメリカの人の心に美しい日本の景色と自然の姿を植え付け、日本茶の良さをアピールするものであった。

宇治の名茶畑における茶摘みの少女たち ｜ 古い日本の陽がさす丘で　1904年

Girls picking tea on famous plantation at Uji, among the sunny hills of old Japan　1904　　Underwood & Underwood, publisher

「有名な宇治の茶畑」と記している。当時の茶畑は、現代の典型的な茶畑の整然とした"畝(うね)"ではなかった。背後には藁ぶき屋根の家が並び、日本ののどかな茶園の風景が映し出されている。

日本の茶畑における茶摘み　1906年

Picking tea in the tea fields, Japan　1906　　Smith, W. S., publisher

女性達の背丈から茶畑の茶樹は130〜140cm程の高さと思われる。剪定ハサミが使用される前である。人出を繰り出しても茶摘みが追いつかなかったのか 茶樹が成長し、樹高が現代よりも高い。明るく映る茶葉の先は新芽のように思われる。

ある銘茶畑の集荷 ｜ 京都近郊の宇治地区 1901年

Gathering tea in one of the famous tea plantations in the province of Uji, near Kioto, Japan 1901　Keystone View Company, publisher

京都近郊の宇治地区での撮影と表記。手前の女性は綿入れの服を着け、他の人も厚着である。茶葉も黒っぽくて新芽には見えず、季節は秋冬のようである。昔は挿し木ではなく、茶は茶の実から栽培された。写真は茶の実を採取をしているものであろうか。

茶畑からの帰還 1905年

Coming home from the tea fields, Japan 1905 Keystone View Company, publisher

春の陽光を浴びて茶樹が一斉に新芽を開いてきたら、一気に茶摘みをしなければ間に合わない手摘みの時期である。猫の手も借りたい新茶の時期は娘も子供もかり出されて大忙し。茶摘みを終えて籠一杯の生葉を抱え、疲れはてたような表情とも見える。

京都近郊宇治の茶畑における茶の計量　　1905年

Weighing tea in the Uji tea fields, near Tokio, Japan 1905　　Griffith & Griffith, publisher

茶摘み娘たちが茶畑で摘んで籠に収穫した新茶を持ち寄り、摘採生葉の重さを量っている。自分が摘んだ生葉の重さが正確に計られているのか、皆真剣に見つめているようである。

生葉の籠蒸　｜　静岡　1905年

Boiling the tea leaves, Shiznaka, Japan 1905　　Griffith & Griffith, publisher

竈（かまど）で湯を沸かし、その上の籠に生葉をのせ、蒸気で生茶葉を殺青（さつせい：発酵止め）してる。竈の右には蒸される前の少し萎凋（いちょう）した生葉が見える。

日本における茶の仕込み　釜炒り茶　1902年

The preparation of tea in Japan. Firing tea　1902　Graves, C. H., publisher

釜炒り製法で生茶葉を殺青している。いくつもの釜が横一列に並び、労働者は女性たちである。中国から長崎を窓口に移転された煎茶の技法は各地に広がった。お茶場と呼ばれた輸出用に大量生産する大型の製茶工場である。

釜炒り　1904年

Firing tea, Japan　1904　　Keystone View Company, publisher

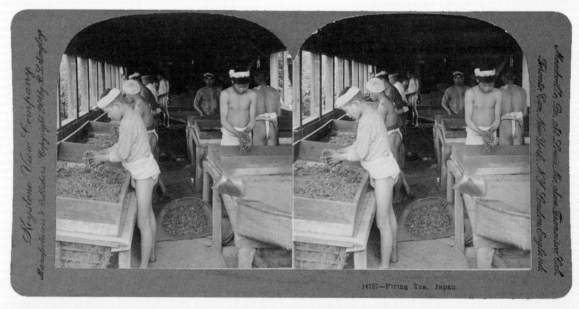

殺青後の生葉を揉捻（じゅうねん）する工程。この写真では見えないが、揉捻する木製の焙炉の下には火鉢が置かれている。下から温められた木製焙炉（ほいろ）の上で、温かい木の表面に両手で茶葉に圧力をかけて揉み、茶葉の水分を絞りながら葉をよっていく。あるいは蒸し工程で殺青した湿った葉同士をばらしながら表面の水気を取り除いている作業かもしれない。

茶の釜炒り　1904年

Firing tea in Japan 1904　Cincinnati, Ohio : The Whiting View Company

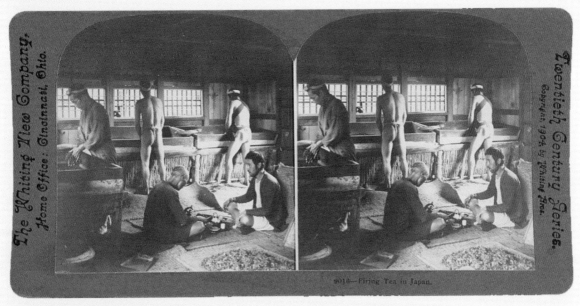

左頁下の写真と同様。蒸して殺青した生葉の水分を取り除きながら揉みこむ工程。男たちは裸同然のふんどし姿であるが、奥に見えるのは木製の焙炉。足元のわら縄は風通しのためである。中には火炉が置いてあり焙炉を温める。

足久保の工場で手により茶葉を揉む少女たち　1907年

Girls rolling tea leaves by hand in a factory at Ashikubo, Japan　1907　H.C. White Co., publisher

英文表記ではrolling teaと表記されているが、茶葉の最終工程である揉捻（じゅうねん）作業と思われる。とわいえ茶葉はすでに細く揉まれ、作業台は木目であるからから焙炉ではない。茶葉の選別や異物除去の工程かもしれない。

茶葉の筛<ruby>筛<rt>ふるい</rt></ruby>による選別 ｜ 日本における茶の仕込み　1902年

The preparation of tea in Japan. Sifting and sorting tea 1902　Graves, C. H., publisher

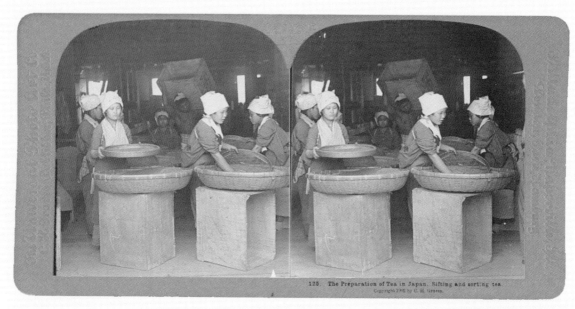

女性達は茶葉を筛にかけて、大小のお茶を分けている。奥に立つ鉢巻き姿の男性は、仕上がった荒茶を入れる大きな茶箱を重そうに前に運んでいる。

棒抜き作業 ｜ 日本における茶の仕込み　1902年

The preparation of tea in the Japan. Picking out the stems 1902　Graves, C. H., publisher

英文表記に"Picking out the stems"とあるように、女性たちは作業台の上のお茶を見ながら、先で茎をつまみ分けている。これは茶葉の茎部分を除去をする「棒抜き」と呼ばれた工程である。

茶の検査と試飲 ｜ 日本における茶の仕込み　1902年

The preparation of tea in Japan. Inspecting and tasting tea 1902　　Graves, C. H., publisher

着物姿や部屋、竹製ざるといった道具類を現代使用のものに置き換えれば、茶業者の試飲風景は今と変わらない。窓側一列に拝見盆を並べて、
自然光で茶葉を見て試飲する。正面男性の右脇腰高のラッパ状のものは「茶こぼし」である。

重さ1ポンドの紙箱詰 ｜ 日本における茶の仕込み　1902年

The preparation of tea in Japan. Packing tea in one pound paper parcels 1902 Graves, C. H., publisher

英文表記で "one pound paper parcel" と記さている通り、輸出用の茶箱は1ポンド（約453グラム）入り紙製箱であった。第3部2章で紹介する
アメリカの日本茶商Castle Brothersの登録商標には、"Choicest Quality" と付記されたお城のデザイン上に"One Pound"と茶箱の茶の分量
表記がある。写真はその1ポンド茶箱の茶詰め風景である。

合衆国に輸出する茶の箱詰め ｜ 日本における茶の仕込み　1902年

The preparation of tea in Japan. Packing tea for the United States 1902　　Graves, C. H., publisher

アメリカ合衆国に輸出するために梱包された日本茶の茶箱をくぎ打ちしている。茶箱の外面は無地であり、いわゆる「蘭字」の茶商のラベルは貼られていない。あるいはこれから貼られるのであろうか。

茶屋の前でお品書きを読む舞妓さんたち　1907年

Dancing girls reading bulletins at the tea house, Japan 1907　　Griffith & Griffith, publisher

英文表記に"Dancing girls"とある。舞子さんがメニューボード（立札）のお茶のお品書きを見ながら、何にするか考えているようである。提灯には「せん茶」と書かれている。

茶器セットを用意した女性　　1905年

Japanese woman with tea set 1905　　Herbert George, photographer

床の間を背に火鉢にあたる女性。お盆には茶托に乗った湯呑茶椀と急須、そばには蓋の空いた茶缶が見える。器のかたちや道具の揃えは現代と変わらない。

公園のなかの日本人茶屋　　1904年

A Japanese tea house in the park, Nagasaki, Japan 1904　　Keystone View Company, publisher

1873（明治6）年1月に大政官布告16号により制定された長崎県内で最古の諏訪公園。ここは1889（明治22）年に長崎県から長崎市に管理が移管され長崎公園と改称された。写真に写るのは公園内の噴水を備えた池のほとりである。背後の建物は呑古（どんこ）茶屋の別館ではないかと思われる。

2

アメリカ茶商の商標コレクション

　アメリカでは 19 世紀後半から日本のお茶が輸入され始めた。粗悪な日本茶や着色茶が
社会問題となり、1884（明治 17）年に贋茶輸入禁止条例が制定された。日本ではこれを
機会に翌年茶業組合準則が制定され、茶生産者の加入を義務付けて不正茶の製造を禁止し
た。さらに日本では各地に取締所を設け不正者を監視し、全国一斉に茶業組合が結成され
た。これ以降アメリカの茶商にとって高品質で無着色の日本茶を輸入して販売することが
大きな課題であった。ここに紹介する茶商の商標はアメリカで開業した日本茶の茶商
（ディーラー）のマーケティングを意識したさまざまな表現を駆使した宣伝の工夫の跡が
みられる。当時のデザインを知る上でも非常に興味深い。

　アメリカ合衆国議会図書館（Library of Congress）には 1871 年以降に登録された茶商
の商標が保存される。ここで紹介するアメリカの茶商の登録商標（Trademark
Registration）は、アメリカ特許商標庁（USPTO）に出願登録された連邦レベルのもので
ある。州レベルの商標登録制度もあったが、貿易にかかわる輸入業者は連邦レベルで商標
を登録した。

　商標は、商品や役務の事業者が、提供元を他者と区別するための標識である。明治期か
ら昭和初期にかけての日本茶輸出用茶箱に貼られていた日本の茶商の「蘭字（らんじ）」
と呼ばれる商標（ラベル）はよく知られている。

　ここでは日本でほとんど紹介されたことのない、アメリカで日本茶の輸入販売を手掛け
た茶商の商標のなかで特徴のあるものを紹介する。商標のサイズは 26×39 ㎝に統一され
ていた。

アメリカ議会図書館に収蔵された商標のうち最古
のものである。ブランド名は"JAPAN DRAGON"。
図柄は日本の「龍」を創作している。

Williams, Blanchard & Co. for Japan Dragon
brand Tea

1871 年 3 月 28 日登録

"Choicest Quality（最良品質）"の赤文字は、
他社商品との差別化を狙ったマーケティング
の意図が見受けられる。さらに商標中央部、
お城の上に"One Pound"（1 ポンド）との表記。
前章の「日本茶の生産工程：**重さ1ポンドの紙
箱詰**」英文キャプションにも"in one pound
paper parcels（1 ポンドの小包装）"とある。
1872 年当時、日本から1ポンド（約 453 g）
サイズの紙箱形態で輸出販売していたことは
興味深い。

Castle Brothers for Choicest Quality brand
Japan Tea

1872 年 5 月 14 日登録

**1884（明治 17）年アメリカで
「贋茶輸入禁止条例」制定**

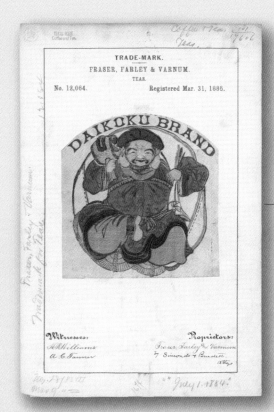

まもなく始まる新茶時期に商標使用が間に合うのかは不明だが、"大黒様"の絵を用い、その絵の通り「大黒ブランド」のネーミングで日本的イメージのアピールを狙ったものかと思われる。

Fraser, Farley & Varnum for Daikoku Brand Teas

1885 年 3 月 31 日登録

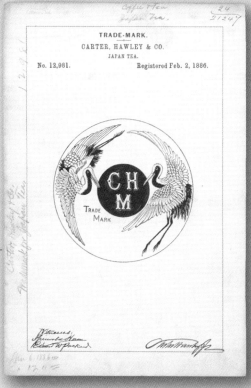

細密な鶴のマークの絵柄は"本物志向"をアピールし、日本産の高品質を表現しようとしているように感じられる。

Carter, Hawley & Co. for CHM brand Japan Tea

1886 年 2 月 2 日登録

高品質な日本産を強調するための "Choicest" に
さらに "Extra" を頭に付けたグレードとし、"Pan
Fried（釜炒り製法）" であることを表示。それに
加えて、1984 年制定「贋茶輸入禁止」以降のため、
"Uncolored（無着色）" とも表記されている。米国
における世界的な緑茶販売競争の激しさと 1984
年直後の状況が窺われる。

Reid, Murdoch & Fischer for Monarch brand
Gunpowder, Imperial, Young Hyson, Japan,
Oolong, and English Breakfast Teas

1886 年 6 月 1 日登録

JAPAN TEA" と大きく表記することで日本産を
強調し、"Pan Fired"（釜炒り製法）と区別し
"Basket Fried（蒸し製法）" を宣伝しているこ
とから、米国での日本茶への多様な嗜好と浸透
が読み取れる。

J. W. Doane & Co. for Overland Ex. Curious
Basket Fired Japan Tea brand Tea

1886 年 11 月 23 日登録

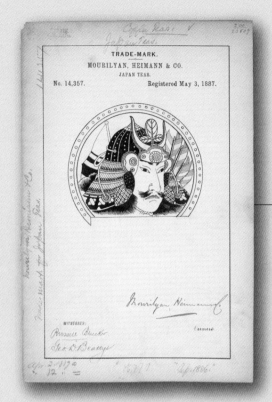

端午の節句時期だからか、凛々しいサムライの兜
姿を前面に表している商標。明治期には商標に武
者人形、甲冑飾りがあったといわれる。伝統に基
づき製造された正真正銘の良質日本産茶であるこ
とを表現しているようである。

Mourilyan, Heimann & Co. for [Samurai Logo]
brand Japan Teas

1887 年 5 月 3 日登録

贋茶ではない正真正銘の無着色であることを強
調する "Pure uncolored "と表記。

John A. Tolman Company for Famous Oogi
Pure Uncolored Japan Tea brand Teas of All
Kinds

1887 年 7 月 12 日登録

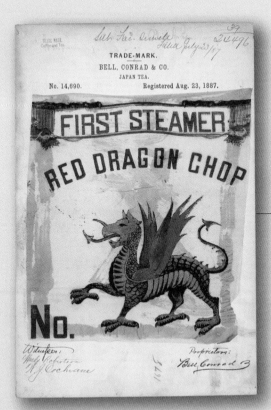

"First Steamer" という赤文字で鮮度を強調している。商標の上部に小さく "JAPAN TEA" とある。絵柄はヨーロッパの伝説上の生物であるドラゴンである。

Bell, Conrad & Co. for First Steamer Red Dragon Chop brand Japan Tea

1887 年 8 月 23 日登録

鮮度が高い "New Crop"（初積み）の "Garden Picked（茶畑直送）" で "Extra Choicest（超最高級）" との商品の高品質を宣伝している。日本茶は米国市場で中国茶および紅茶と国際競争のなかにある。差別化を競い宣伝の表現はエスカレートしている。現在でも「漢字」はエキゾティックなデザインとして使用されるが、この商標では奇をてらって漢字を逆さまにしているのか、分からぬままにやっているのか。現代でも同様に逆さまや裏返しの漢字を見ることもあり、興味深い。

D. T. Stevens & Son for Extra Choicest New Crop Garden Picked Japan Tea brand Tea

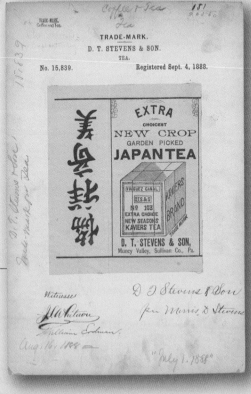

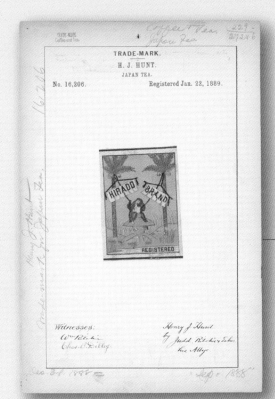

"Hirado Brand" 長崎県平戸産であろうか、平戸をブランド名にした意図、由来に興味が湧く。すでに米国へ日本緑茶が輸入されはじめて 20 年以上。その間の登録商標の変遷は面白い。言葉は陳腐化していくため、商標にも多種多様な命名がなされ、日本でも "超" とか "純" などが商品名に多用されているのと同様、強調の接頭語として "Extra" や "Pure" を付けて競い合っている。だからこそ、そこから離れた "Hirado" を付けることで、これも差別化を図っているのかもしれない。

H. J. Hunt for Hirado Brand Japan Tea

1889 年 1 月 22 日登録

ブランド名は "ARATA" は "新た" を意図するのか？中国産との明確な差別化として "Entire Japan Tea" "Pure" を表記したのか？

Smith, Baker & Co. of Japan for The Arata Tea brand Japan Tea

1889 年 1 月 22 日登録

"Uncolored" "Japan Tea" 無着色の日本茶で
あることを強調した商標。当時は、中国産のみ
ならず日木茶にも贋茶、粗悪茶の米国輸出が横
行し、1884（明治 17）年 アメリカで「贋茶輸
入禁止条例」の制定に至った。その後、次第に
緑茶志向は紅茶に代わっていき、1910 年には紅
茶の米国輸入が緑茶を抜き、日本茶は国際競争
から次第に消えていった。

Lievre, Fricke & Co. for Japan Red Seal Tea
brand Teas

1890 年 11 月 25 日登録

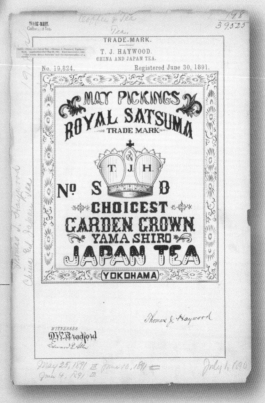

"May Picking" 日本の新茶時期 5 月に摘んだ
新鮮なお茶であると謳い、王冠印を中央に置き、
「山城」という最高の茶畑から摘んだとの"シ
ズル感"も匂わせる念が入った商標 "Royal
Satsuma" "Garden Crown Yamashiro"
"Choicest Garden Grown" は大げさである。

T. J. Haywood for Royal Satsuma brand
China and Japan Tea

1891 年 6 月 30 日登録

3

20 世紀初頭、アメリカにおける日本茶庭園の拡がり

20 世紀の初等、日露戦争（1904~5）期のアメリカでは、贋茶輸入禁止条例（1884 年）以後衰退していた日本茶輸入の回復期であった。1893 年のシカゴ万博に日本は代表団を送れなかったが、5 年後の 1898 年のオマハ万博では、日本中央茶業協会が中心となり「茶園 tea garden」が出展された。ここで混ぜ物も着色もない「真味」の日本茶が振る舞われた。この日本茶は、12000 点の出品のなかから数百しか選ばれない金賞を獲得した。これはアメリカ中西部を中心に、炒りすぎない自然な緑色の、香りが高くて柔らかい日本茶の「本当の味 true taste」が受け入れられていくきっかけとなった。

1904 年 4 月 30 日から 12 月 1 日まで、60 カ国が参加して 216 日間開催されて、1969 万人を集めたセントルイス（ミズーリ州）万国博覧会には、日本から日本茶庭園が出展された。これによりアメリカ中西部における日本茶の需要がさらに広まった。

ここで紹介するステレオ・グラフィックスは、このような 20 世紀初頭にアメリカで広がった日本茶庭園の広がりを映し出している。

ミズーリ州セントルイス万国博覧会の日本茶庭園における美少女たち　1904年

Beautiful Japanese maidens in Japanese tea gardens at the World's Fair, St. Louis, Mo,1904
Cincinnati, Ohio : Whiting View Company, publishers Published

セントルイス万博には、日本から池泉式貴族風の「日本茶庭園」が造営出展された。このパビリオンや東屋で、在米の良家から雇われた若い女性たちが来場者にお茶をもてなした。シンシナティの写真映像会社ウィティング・ビューは、博覧会場の様子をステレオ・グラフィックスにして世界に発信した。映像は働く若い少女たちが茶庭園でくつろぐシーンを撮っている。

アメリカにおける日本 ｜ セントルイス万博における茶店前庭のかわいらしい少女　1904年

Japan in America - pretty maids in garden before a Japanese tea-house, World's Fair, St. Louis,1904
New York : Underwood & Underwood Published

セントルイス万博の日本茶庭園には、金閣寺を模したパビリオンが建設された。日本から連れられた芸者の踊りが再三披露され、普段は
ここで在米の良家から雇われた若い女性たちがお茶をもてなした。写真は庭園を散策する日本人の美少女たちである。万博のシーンは、
ニューヨークの写真映像会社アンダースン＝アンダースン社がステレオ・グラフィックスに仕立てて販売した。

サンフランシスコ金門橋の美しい日本茶庭園に再建された「帝の王国」の魅惑　1906年

Charms of the Mikado's kingdom reproduced in the beautiful Japanese tea garden, Golden Gate Park, San Francisco, Cal. 1906
Universal View Co., publisher

シカゴ万博を倣い1894年に開催されたカリフォルニア冬季万国博覧会で、金門橋公園内に造園されたアメリカ最古の「日本茶庭園」である。
宮大工の中谷新七（1846-1922）や庭師の松本辰五郎が造営にあたった。博覧会終了後、移民の萩原真（1857-1925）が管理人となり、庭園
内の茶屋で煎茶と瓦煎餅を提供した。萩原は日本から金魚や桜などさまざまな動植物を取り寄せて庭園を拡充整備した。

ニューヨーク・コニー島の日本茶庭園　1905年

Japanese tea gardens, Luna Park, Coney Island, N.Y. 1905　　Detroit Publishing Co., publisher

1895年に北米最初の遊園地として開業したシー・ライオン・パークを引き継ぎ、ブルックリン（ニューヨーク）コニー島のルナ・パークは1903年に開業した。写真は、経営者のトンプソンとダンディーが1904年に遊園地を拡張した時に造営した「日本茶庭園」である。この遊園地のゾーンは日本茶ブームを反映して日本茶庭園と命名された。

Libraray of Congress
Collections

前田拓、美由紀夫妻に敬意を込めて

田上富久 （長崎市長）

　この本の出版者である前田拓は、私にとっては高校時代の同級生である。もう少し正確に言えば、前田拓夫妻と私たち夫婦の4人は、一年間同じクラスで机を並べた仲である。そういう個人的な理由から、ここでは前田拓さんを「拓」と、奥さんの美由紀さんを「美由紀ちゃん」と呼ばせていただくことをお許しいただきたい。

茶レンジ精神

　拓は高校時代から（おそらくもっと幼少の頃から）、小柄な体にエネルギーを溢れさせた活動的な人で、常に自分の意見を持っていた。

　だから、彼がアメリカでお茶を広める仕事を始めたと妻から聞いた時は、なぜ彼がそうしたのか、人生をどう生きようとしているのか、ゆっくり話を聞いたわけではないが、「拓らしいな」と思った。

　お茶の前田園といえば、長崎では知らない人はいない。でも、それはアメリカでは通用しない。日本茶を飲んだことのない人がほとんどだろう。間違いなく人生をかけたチャレンジだ。拓が拓らしく、挑戦しながら、誰とも違う自分の道を切り開いていく姿を想像して、うれしかった。

　そして、そのアメリカでの仕事に、妻の美由紀ちゃんも付いていくという。美由紀ちゃんはしっかり者で包容力があるので、拓にとってはこれ以上ない応援団。日本茶文化未開の地での二人のチャレンジに、同級生たちはみんな心の中でエールを送った。

お茶を濁さない

　二人はそれから長い時間をかけて、海外に日本茶を広めてきた。その本拠地であるロサンゼルス近郊の本社を私が初めて訪問したのは、2014年のこと。拓がアメリカでお茶の事業を始めて30年ほどが過ぎていた。

　実はその前にも一度、ロサンゼルスで拓と会ったことがある。2000年に伊藤一長長崎市長の訪米に、市役所職員として随行した時だった。南カリフォルニア長崎県人会の招きに応えて訪問した伊藤市長の案内役をまかされていたのが、県人会の若き役員だった拓だった。当時すでに、拓の活躍ぶりは長崎でも知られていたが、忙しい日々の中、丁寧に、そして献身的に伊藤市長をもてなしてくれたことをよく覚えている。この誠実さと、何事にも手を抜かない姿勢が、日本茶文化未開の地を開拓していく時に、周囲の人たちの信頼を得る大きな力になったのだろうと感じた。

それから十年ほどたって再びロサンゼルスを訪問した時、拓は県人会の会長になっていた。初めて訪問した本社で拓が見せてくれたのは、彼の大学時代の卒論だった。

　タイトルは「無茶」。

　留学したアメリカでお茶を売った経験を踏まえ、いつの日か食卓から日本茶が消えるかもしれない、という危機感をこの言葉に込めたと話してくれた。そして、どうやったら日本茶の価値を世界に伝え広めることができるか、を卒論に記したと話し、いま自分がやっているのはこの卒論を実践しているようなものだ、と教えてくれた。

　彼は「日本茶を売る」ことに人生をかけているのではなく、「日本茶の価値を世界に広げる」こと、そしてそれを通じて日本茶の文化を未来につないでいくことを目指しているのだとその時理解した。

　そのぶれない思いこそが、幾多の困難を乗り越えてきた原動力なのだろう。それは卒論から40年を経た今も、変わらない。常に新しい。この本を上梓しようという思いも、根はそこにあるのだろう。

　日本茶への思い、そして、目の前のことに全力でぶつかる。手を抜かない。それをやり続ける姿勢。これこそ前田拓の真骨頂だと思う。

長崎愛

　もう一つ、拓を語るときに忘れてはならないのは「長崎愛」だ。自分自身が長崎への愛情を持ち続けるだけでなく、拓夫妻は、一人息子の大地君を、機会を見つけては長崎に帰し、長崎の文化と暮らしを体と心に覚えさせようとしてきた。その両親の思いは実り、長崎を愛する思いは、しっかりとご子息の大地君にも引き継がれている。

　アメリカで育ちながら、長崎の友人たちと遊び、長崎の伝統行事ペーロンや長崎くんちに参加し、仲間とともに周囲を明るく盛り上げる。挑戦を常とし、新しい経験を自分に積ませる。常にポジティブに、ハードルを越えるのが楽しみでもあるように前に進み続ける。その性格は親譲りだと思う。

　仕事だけでなく、文化もスポーツも、友人との交流も、すべてを楽しもうとする拓の生き方。いつも寄り添い、それを支え続ける美由紀ちゃんの姿。その両親のもとで、のびのびと国際人と田舎人の両方の良さを身に着けながら育った大地君。そして、大地君の伴侶として、美由紀ちゃんと同じように自然体のあたたかさと強さで大地君を支えるえみかさん。

　いたずらに同級生の家族を美化する意図はないが、掛け値なしに、自分で自分の人生を切り開いてきた素晴らしい夫婦と家族の物語だと思う。

　この本は素晴らしい本だと思う。拓のミッションの一部だと感じる一方で、彼の遊び心から生まれたもののような気もする。いや、ひょっとしたらこの本はこれから始まる拓の人生の長い卒論の第一章なのかもしれない、とも思う。

　いずれにしても、その恩恵にあずかってこの本を手に取れることを、長崎を愛する者の一人として、そして友人の一人として、うれしく思う。

Specail thanks

本書は、お茶のチカラに導かれた様々なご縁と
お世話になった皆様からのご指導ご支援による
思いもかけない多彩な出会いと経験等をもとに
お陰様で、この一冊を纏めることができました。

いくつもの偶然の出来事は、今にして思えば、
必然と納得するに至り、それらひとつひとつが
道しるべとなり、助けになって、ミッションを
ここまで継続できたことに、感謝する次第です。

お茶を愛する方にとって本書は、各分野専門の
研究家先生方のご尽力による価値の高い論考と
本邦初公開画像、お茶への興味をかき立てる情報、
真にお楽しみいただけるものと信じております。

最後になりますが、長年お世話になった皆様方、
本書の出版にあたり多大なご尽力を賜りました
姫野順一氏、執筆者各位、長崎文献社堀憲昭氏、
デザイン納富司氏、ご支援ご協力をいただいた
関係者の皆様へ、心より厚く御礼申し上げます。

抹茶クリエイター　前田 拓
Founder & CEO
G.T Japan,Inc (Maeda-en)　株式会社マエタク

前田 拓 ｜ *Taku MAEDA*

プロフィール

アメリカを拠点に40年間、世界40ヵ国以上に
抹茶と抹茶ベースの商品開発を製造輸出販売
抹茶アイスクリームと抹茶ラテをクリエイトし
抹茶をグローバルビジネスに高めたパイオニア

抹茶革命と長崎
Matcha Revolution & Nagasaki

発 行 日	初版 2023 年 4 月 13 日
編 著 者	前田 拓
監 修	姫野順一
デザイン	納富司デザイン事務所
発 行 人	片山仁志
発行所・編集制作	株式会社 長崎文献社 〒850-0057 長崎市大黒町 3 - 1　長崎交通産業ビル 5 階 Tel.095-823-5247　Fax.095-823-5252 ホームページ https://www.e-bunken.com
印 刷	オムロプリント株式会社

ISBN978-4-88851-389-0　C0063